FAKTORIELLE VERSUCHSPLANUNG

Thomas Elser

Impressum

© 2016 by Thomas Elser; überarbeitet 07/2017, V_64

Titel:	Faktorielle Versuchsplanung
Autor:	Thomas Elser, D-84556 Kastl, info@elserth.de
Layout:	Thomas Elser
Umschlaggestaltung:	Markus Käßler, D-84489 Burghausen, kaesslerm@freenet.de
Printed by:	CreateSpace, 4900 Lacross Rd, North Charleston, SC 29406, USA
ISBN-13:	978-1539433019 (CreateSpace-Assigned)
ISBN-10:	1539433013

Die Wiedergabe von Gebrauchsnamen, Handelsnamen, Warenbezeichnungen usw. in diesem Werk berechtigt auch ohne besondere Kennzeichnung nicht zu der Annahme, dass solche Namen im Sinne der Warenzeichen- und Markenschutzgesetzgebung als frei zu betrachten wären und daher von jedermann benutzt werden dürften.

Alle in diesem Buch enthaltenen Verfahren bzw. Daten wurden nach bestem Wissen dargestellt. Dennoch sind Fehler nicht ganz auszuschließen.

Aus diesem Grund sind die in diesem Buch enthaltenen Darstellungen und Daten mit keiner Verpflichtung oder Garantie irgendeiner Art verbunden. Autor und Verlag übernehmen infolgedessen keine Verantwortung und werden keine daraus folgende oder sonstige Haftung übernehmen, die auf irgendeine Art aus der Benutzung dieser Darstellungen oder Daten oder Teilen davon entsteht.

Dieses Werk ist urheberrechtlich geschützt.

Alle Rechte, auch die der Übersetzung, des Nachdruckes und der Vervielfältigung des Buches oder Teilen daraus, vorbehalten. Kein Teil des Werkes darf ohne schriftliche Einwilligung des Autors in irgendeiner Form (Fotokopie, Mikrofilm oder einem anderen Verfahren), auch nicht für Zwecke der Unterrichtsgestaltung - mit Ausnahme der in den §§ 53,54 URG genannten Sonderfälle -, reproduziert oder unter Verwendung elektronischer Systeme verarbeitet, vervielfältigt oder verbreitet werden.

FAKTORIELLE VERSUCHSPLANUNG

Das Prinzip des Design of Experiments
verstehen und in der Praxis anwenden

Über den Autor

Thomas Elser war nach seinem Ingenieurstudium in der Automobilindustrie und der chemischen Industrie unter anderem mit Statistik, Versuchsplanung und Qualitätsmanagement beschäftigt.

Aus dieser langjährigen industriellen Praxis als Six Sigma Black Belt im Forschungs- und Entwicklungsbereich und seiner Dozententätigkeit in Technikerlehrgängen resultiert die Herangehensweise an das Thema in diesem Buch. Über realistische Aufgabenstellungen erfolgt ein leicht verständlicher Einstieg in die Faktorielle Versuchsplanung. Ziel ist es, dem Leser[1] Sicherheit in der praktischen Anwendung der Versuchsplanung und -auswertung zu geben. Diese insbesondere im Hinblick darauf, entsprechende Software in der Praxis professionell und zielführend einzusetzen.

---

[1] Aus Gründen der besseren Lesbarkeit wird im Text nur die männliche Form verwendet. Gemeint ist stets sowohl die weibliche als auch die männliche Form.

Inhaltsverzeichnis

1 Faktorielle Versuchsplanung – Anwendungsbereiche und Ziele 7

    1.1 Vorteile der Faktoriellen Versuchsplanung gegenüber anderen Methoden 11

2 Der 2^2-Versuchsplan zur Herleitung der Systematik und Definition der Ziele 15

    2.1 Quantitative und qualitative Faktoren 19

    2.2 Wirkungen der Faktoren auf die Zielgröße 21

        2.2.1 Wechselwirkungen 25

        2.2.2 Systematik und Nomenklatur zur Berechnung der Wirkungen und Wechselwirkungen 27

        2.2.3 Grafische Darstellung der Wirkungen und der Wechselwirkung 31

            2.2.3.1 Ordinale, disordinale und semidisordinale Wechselwirkungen 35

        2.2.4 Signifikanz der Wirkungen: Varianzanalyse (F-Test) 39

    2.3 Versuchsplanauswertung: Die Vorhersagefunktion - das mathematische Modell 43

        2.3.1 Normierte Darstellung der Vorhersagefunktion 49

        2.3.2 Verdeckte Wirkungen 53

    2.4 2^2-Beispiel „Rautiefe von Drehteilen" 59

    2.5 Rechenschema für den 2^2-Versuchsplan 65

3 Der 2^3-Versuchsplan 69

    3.1 Systematik und Nomenklatur 71

    3.2 Wirkungen und Wechselwirkungen 73

        3.2.1 Grafische Darstellung der Wirkungen und Wechselwirkungen 79

    3.3 Signifikanz der Wirkungen: Varianzanalyse (F-Test) 83

    3.4 Vorhersagefunktion 89

    3.5 2^3-Beispiel „Adhäsionskraft einer Verklebung" 91

    3.6 2^3-Beispiel „Durchlaufzeit eines Angebots" 95

    3.7 Rechenschema für den 2^3-Versuchsplan 99

4	**Versuchspläne mit mehr als drei Faktoren (Systematik von 2^k-Plänen)** **103**
	4.1 Ein 2^4-Versuchsplan am Beispiel „Destillatkonzentration" 107
	4.2 Mehrfachausführung von Versuchsplänen 113
	4.2.1 Ein 2^4-Versuchsplan (doppelt, randomisiert) am Beispiel „Reißfestigkeit von Baumwollgewebe".. 117
	4.3 Rechenschema für den 2^4-Versuchsplan 121

5	**Teilfaktorielle Versuchspläne (Systematik von 2^{k-p}-Plänen)** **125**
	5.1 Versuchsaufwand halbieren durch Verzicht auf bestimmte Versuche 127
	5.2 Mehr Faktoren bei gleicher Versuchsanzahl untersuchen............................... 129

6	**Blockbildung und Randomisierung** **131**

7	**Leitfaden zur Versuchsplanung, -durchführung und -auswertung** **133**

8	**Anhang I: Literatur und Web-Publikationen** **135**

9	**Anhang II: Beispiele des Buches zum Download (MS Excel®/OpenOffice Calc®)** **137**

10	**Anhang III: DoE-Software** **138**

11	**Anhang IV: Geschichtliches zu Design of Experiments**.. **139**

12	**Stichwortverzeichnis** **141**

1 Faktorielle Versuchsplanung – Anwendungsbereiche und Ziele

Die Optimierung von Systemen und Prozessen ist ein Dauerthema in Forschung, Entwicklung und Produktion aller Branchen. Ziele der Verbesserung können bestimmte Leistungsmerkmale von Anlagen und Maschinen sein. Oder ganz allgemein: von physikalisch-technischen, chemischen, medizinischen, betriebswirtschaftlichen usw. Prozessen. In der Praxis gilt es dabei, einige Hürden zu überwinden. Denn selten ist das Innenleben des betrachteten Systems ausreichend bekannt, um eine mathematische Simulation hierfür anstellen zu können. Und man quält sich mit Kompromissen, wenn beispielsweise nicht alle Betriebsparameter des zu optimierenden Prozesses bekannt sind, deren Zahl sehr groß ist und/oder deren Stärke der Wirkungen unbekannt ist.

Die Aufgabenstellung für einen Versuchsplaner (*Experimenter*) könnte beispielsweise heißen: Es ist eine Versuchsreihe durchzuführen, um die Einflüsse auf den Gasverbrauch einer Turbine zu ermitteln. In der Entwicklung von Akkumulatoren für Elektro-PKW könnte die Aufgabe sein, die Einflussfaktoren auf die Ladezeit zu ermitteln und zu quantifizieren. Es kann sich aber auch um eine verfahrenstechnische Aufgabenstellung handeln: Wie etwa wirken sich die Kesseltemperatur und der Druck auf die Ausbeute an Wirkstoff in einem Pharmareaktor aus?

Damit nicht genug. Sie werden sehen, dass Faktorielle Versuchsplanung nicht auf technische Systeme und Prozesse beschränkt ist. Vielmehr gibt es darüber hinaus zahlreiche Disziplinen mit Prozessen, bei denen die Einflüsse verschiedener Parameter auf bestimmte Zielgrößen von Interesse sind. Denken Sie dabei beispielsweise an das weite Feld von Befragungen/Interviews im Zusammenhang mit soziologischen oder medizinisch/psychologischen Prozessen. Welchen Einfluss hat das Wetter am Wahltag auf das Wählerverhalten bestimmter Altersgruppen? Oder: Wie wirken sich die Dosierung und der Einnahmezeitpunkt eines Medikaments auf einen bestimmten Laborwert des Blutes aus?
Auch betriebswirtschaftliche und logistische Abläufe sind Prozesse und haben Einflussgrößen und Zielgrößen. Eine Aufgabe könnte lauten, anhand eines Faktoriellen Versuchsplans zu untersuchen, welche Faktoren sich wie stark auf die Lieferzeiten bestimmter Artikel auswirken.

Ganz allgemein gesprochen befasst sich die Faktorielle Versuchsplanung damit, Einflussparameter von Prozessen zu identifizieren, diese systematisch zu verändern, deren Wirkung auf eine Zielgröße des Prozesses zu messen und statistisch auszuwerten. Ziel ist, den Prozess hinsichtlich bestimmter Zielgrößen zu optimieren. Besonderes Augenmerk ist dabei oft auf die wirtschaftliche Betrachtung zu lenken: Die Faktorielle Versuchsplanung hat den Anspruch, bei minimalem Versuchsaufwand (= geringe Anzahl an teuren Versuchen) ein Höchstmaß an reproduzierbaren Ergebnissen zu liefern.

Die standardisierte Vorgehensweise bei der Faktoriellen Versuchsplanung ist inzwischen weltweit anerkannt. Und die normierte Darstellung der Ergebnisse ist Grundlage für eine effiziente Kommunikation auf diesem Gebiet. Vor allem im angelsächsischen Sprachraum ist diese Methode in der Praxis weit verbreitet und Inhalt vieler Lehrveranstaltungen der Hochschulen. Dementsprechend ist auch das Literaturangebot noch vorwiegend in Englisch.

Bei vielen Prozessen versagt der Ansatz, diese mittels Simulationssoftware analytisch zu behandeln, weil deren mathematische Modelle nicht vorliegen. Hier kommt der Faktoriellen Versuchsplanung eine große praktische Bedeutung zu. Denn diese sieht den Prozess als abgeschlossenes System („Black Box"). Sie interessiert sich nicht für deren innere Zusammenhänge. Vielmehr ist deren Vorgehensweise, die Eingangsgrößen (auch als Faktoren, Einflussgrößen oder Parameter bezeichnet) systematisch zu ändern und deren Wirkung auf bestimmte Zielgrößen zu messen und statistisch auszuwerten (siehe Abbildung 1). Die Wirkungen werden auch als Effekte (*Effects*) bezeichnet.

Die Eingangsgrößen werden üblicherweise mit $x_1, x_2, x_3 \ldots x_i$ bezeichnet, die Zielgröße mit y. Ziel ist es, anhand der Versuchsplanung eine Vorhersagefunktion $y = f(x_1, x_2, x_3 \ldots x_i)$ für das Verhalten der Zielgröße für alle Einstellkombination der Faktoren zu erhalten.

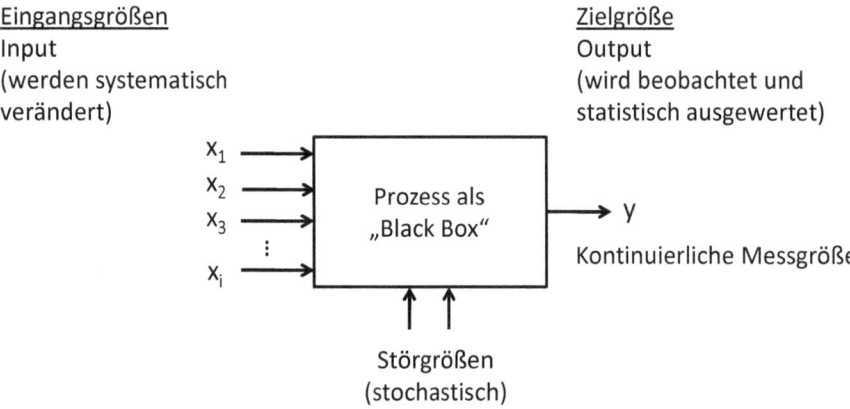

Abbildung 1: „Black Box": Das Innere des Prozesses wird nicht betrachtet

Außer den Eingangsgrößen können auch noch Störgrößen den Prozess beeinflussen, die nicht bekannt und/oder nicht vermeidbar sind. In vielen Fällen sind dies die natürlichen Streuungen der Prozesse und der eingesetzten Messsysteme. Störgrößen können auch Einflüsse vorgaukeln, die gar nicht vorhanden sind. In der Mathematik der Faktoriellen Versuchsplanung ist ein wichtiger Punkt, die so genannte Signifikanz der Wirkungen der Eingangsgrößen auf die Zielgrößen zu beurteilen. Das heißt: echte Effekte von denen zu unterscheiden, die durch die Störgrößen zu erklären sind.
Ein Prozess hat üblicherweise nicht nur eine, sondern mehrere Zielgrößen. Für jede von diesen ist ein separater Versuchsplan aufzustellen. Zielgrößen können direkt oder indirekt messbare physikalische Merkmale sein. Ebenso sind in der Praxis auch abgeleitete Größen wie beispielsweise Qualitätsmerkmale Zielgrößen von Versuchsplänen.

Das Vorgehen im Buch und die Zielgruppe

Für das Design und die Auswertung von Versuchsplänen stehen zahlreiche EDV-Werkzeuge zur Verfügung (siehe Kapitel 10). Die abgedruckten Berechnungsbeispiele wurden anhand der Tabellenkalkulationsprogramme Microsoft Excel® und OpenOffice Calc® erstellt. Die den Tabellen zugrundeliegenden Berechnungen und Grafiken bilden die eigentlich simple Arithmetik der Faktoriellen Versuchsplanung ab. Damit ist auch für „Nicht-Mathematiker" die Nachvollziehbarkeit des im Buch abgedruckten Zahlenmaterials sichergestellt. Darüber hinaus gibt es auch spezielle Software zur Versuchsplanung, womit sich auch komplexere Pläne und Berechnungen bequem umsetzen lassen. Die grafische Darstellung der Ergebnisse wird dabei in komfortabler Weise gleich mitgeliefert.

Das Buch führt an die Faktorielle Versuchsplanung anhand einfacher Mathematik (lineare Algebra eines mittleren Bildungsabschlusses) schrittweise heran. Dies geschieht in Form einfacher, allgemein verständlicher Beispiele mit überschaubarem Zahlenmaterial. Erstes Ziel ist es, dass der Leser das zugrunde liegende Prinzip verstanden hat. Das gibt ihm die Sicherheit, entsprechende EDV-Tools richtig anzuwenden und deren Ergebnisse beurteilen zu können.

Mit Versuchen und deren Planung werden zunächst Naturwissenschaftler und Ingenieure in Verbindung gebracht. Diese bilden natürlich ein große Gruppe der Anwender. Darüber hinaus gibt es aber, wie oben erwähnt, weitere Fragestellungen zur Versuchsplanung, beispielsweise in den Berufsgruppen der Mediziner, Psychologen, Sozialwissenschaftler usw.

Das Buch wendet sich zum einen an Studierende aller Fachrichtungen, die sich im Rahmen der Lehrpläne ihres Studiengangs mit der Thematik befassen müssen oder dürfen. Zum anderen ist es ein Nachschlagewerk für die große Gruppe der Anwender in der betrieblichen Praxis vieler Branchen in Forschung, Entwicklung und Produktion.

Im nächsten Kapitel werden Sie sehen, dass die Systematik bei der Planung von Versuchen sehr wichtig ist. Denn wenn diese fehlt oder unzureichend ist, besteht die Gefahr, dass falsche Schlüsse gezogen werden. Außerdem besteht das Risiko der Verschwendung teurer Versuchsressourcen, wie beispielsweise Personal/Zeit, Geräte und insbesondere bei nicht zerstörungsfreien Prüfungen der Vernichtung teurer Produkte. Beispiele hierfür sind z.B. Crash-Tests von Automobilen oder Festigkeitsuntersuchungen an teuren Bauteilen.

1.1 Vorteile der Faktoriellen Versuchsplanung gegenüber anderen Methoden

„Viel hilft viel"

Unter diesem Schlagwort lässt sich eine weit verbreitete Herangehensweise an die Planung von Versuchen beschreiben: Der erste Faktor bleibt auf einen Wert eingestellt, während der zweite Faktor nach jedem Versuch stufenweise erhöht wird. Danach wird der erste Faktor um eine Stufe erhöht und dann wieder stufenweise der zweite Faktor, usw. Man erhält damit je nach Größe der Stufen ein mehr oder weniger feines Raster an Versuchsergebnissen. Das Vorgehen erscheint logisch und zielführend. Aber rechtfertigen die Ergebnisse in jedem Fall den eventuell hohen Aufwand?

Anhand eines Beispiels (Abbildung 2) soll nun diese „Viel hilft viel-Methode" erläutert werden:
Der Reaktor eines Pharmaherstellers liefere pro Stunde eine bestimmte Menge M eines Wirkstoffes. Bekannt sei, dass die Produktmenge M hauptsächlich davon abhängig ist, mit welcher Temperatur T und mit welchem Druck p der Prozess gefahren wird. Der Plan sei, für drei Druckniveaus p_1, p_2 und p_3 jeweils in Schritten die Temperatur des Reaktors zu erhöhen und die erhaltenen Wirkstoffmengen zu messen.

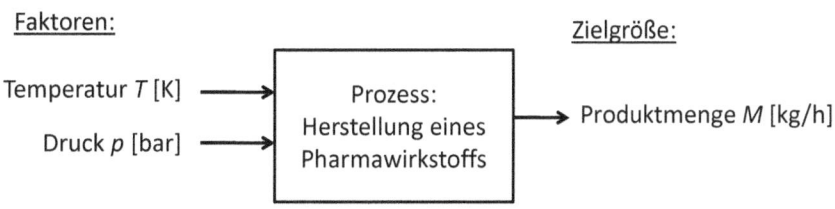

Abbildung 2: Black Box: Produktmenge (Ausbeute) eines chemischen Prozesses

Der Nachteil bei dieser Vorgehensweise kann in einem hohen Versuchsaufwand liegen: Es muss ja für jedes gewünschte Wertepaar von Temperatur und Druck ein Versuch gefahren und die erzielte Produktmenge gemessen werden.

Nehmen Sie an, der Prozess an sich dauere vier Stunden, und die Anzahl der zu fahrenden Temperaturniveaus von T_1 bis T_n sei 20. Dann wären entsprechend Tabelle 1 bei den angenommenen drei Druckniveaus 3 mal 20 = 60 Versuche zu fahren, deren reine Versuchsdauer zehn Tage und Nächte betragen würde. Hinzu kämen noch die Rüstzeiten für die Reinigung, Beschickung und Einstellung der Anlage zwischen den Versuchen. Anhand dieses Beispiels lässt sich leicht abschätzen, welch hoher Aufwand an Zeit und Kosten diese Vorgehensweise bedingt. Ob diese Systematik die gewünschten Erkenntnisse über den Prozess bringt, soll im Folgenden noch etwas beleuchtet werden.

	T_1	T_2	T_3	...	T_n
p_1	1	2	3	...	n
p_2	$2n+1$	$2n+2$	$2n+3$	...	$2n$
p_3	$3n+1$	$3n+2$	$3n+3$	...	$3n$

Tabelle 1: Für n=20 Temperaturstufen und 3 Druckstufen sind 60 Versuche durchzuführen

Die OFAT-Methode „wird gern genommen" - um falsche Schlüsse zu ziehen?

Hier sei noch vor einer weiteren Systematik gewarnt, die auf den ersten Blick bei geringerer Versuchsanzahl Informationen über den Prozess liefert.

Bei der Optimierung von Prozessen, beispielsweise mit dem Ziel, ein Minimum oder Maximum einer Zielgröße zu finden, wird oft die OFAT-Methode (*One Factor at a Time*) angewandt. Diese hat einen entscheidenden Nachteil gegenüber der Faktoriellen Versuchsplanung: Bei OFAT wird nach dem ersten Versuch zunächst ein Faktor variiert und die sich ergebende Zielgröße gemessen. Die „bessere" der beiden Einstellungen dieses Faktors wird für die folgenden Versuche beibehalten und der nächste Faktor wird variiert, usw.

Anhand eines Beispiels soll dieses Prinzip erläutert werden. Die Aufgabe sei, den Kraftstoffverbrauch eines PKW in einem bestimmten Lastbereich zu minimieren. Es wird angenommen, dass die drei Faktoren Geschwindigkeit, Reifendruck und die Oktanzahl des Kraftstoffes wesentlich für die Höhe des Kraftstoffverbrauchs verantwortlich sind (siehe Abbildung 3).

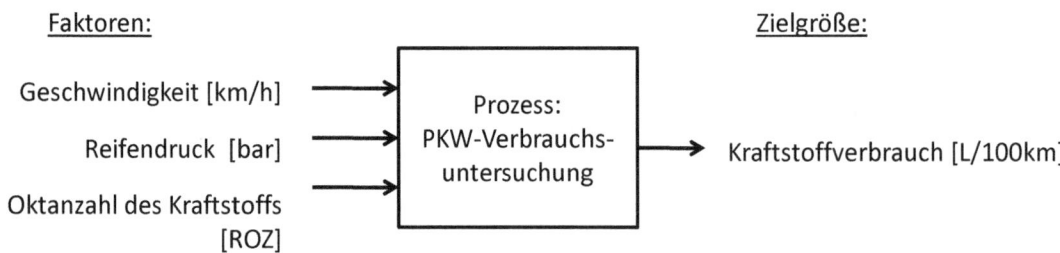

Abbildung 3: Black Box: Kraftstoffverbrauch eines PKW

Tabelle 2 enthält fiktive Zahlenwerte für die genannten Faktoren und die sich damit ergebende Zielgröße, anhand derer die OFAT Methode erläutert wird. Es wird angenommen, dass die drei Faktoren jeweils auf zwei Niveaus eingestellt werden.

	Faktor 1	Faktor 2	Faktor 3	Zielgröße
Versuchs-Nr.	Geschwindigkeit [km/h]	Reifendruck [bar]	Oktanzahl [ROZ]	Kraftstoffverbrauch [L/100km]
1	80	2,2	96	8,4
2	100	2,2	96	9,8
3	80	2,4	96	8,2
4	80	2,4	94	8,8

Tabelle 2: Die OFAT-Methode: Ist Versuch Nr. 3 wirklich das Optimum?

Die Methode ist verblüffend einfach und es ist verlockend, hier mit nur vier Versuchen das potentielle Optimum zu finden. Das Ergebnis ist allerdings Glückssache, da die Systematik für die Reihenfolge der zu verändernden Faktoren fehlt. Es werden auch nicht alle Wirkungen der Faktoren auf die Zielgröße ermittelt. Im vorliegenden Beispiel wird nicht untersucht, welche Wirkung die Verringerung der Oktanzahl bei hoher Geschwindigkeit hat. Ebenso wenig sind Erkenntnisse zu eventuellen Wechselwirkungen vorhanden: Die Erhöhung des Reifendrucks von 2,2 bar auf 2,4 bar bringt bei der Geschwindigkeit 80 km/h eine Senkung des Kraftstoffverbrauchs um 0,2 L/100km. Ob diese Senkung bei der Geschwindigkeit 100 km/h gleich, größer oder kleiner wäre, geht aus den wenigen Versuchen nicht hervor; die eventuelle Wechselwirkung zwischen Geschwindigkeit und Reifendruck wird nicht erfasst. Ob der in diesem Beispiel gefundene minimale Kraftstoffverbrauch von 8,2 L/100 km wirklich das Optimum dieses Prozesses darstellt, kann nicht mit Sicherheit behauptet werden.

An der Polemik der Sprache dieses Kapitels merken Sie schon, dass die dargestellten Versuchsmethoden „supboptimal" sind. Leider sind sie in der Praxis bei Naturwissenschaftlern und Ingenieuren noch weit verbreitet – das steckt einfach in den Köpfen drin. Die Mathematiker/Statistiker haben es bisher nicht verstanden, die Versuchsplaner vom Potential der Faktoriellen Versuchsplanung zu überzeugen. Der Autor hofft, dass die folgenden Kapitel von den betreffenden Personengruppen gelesen werden und seine „Missionsarbeit" auf fruchtbaren Boden fällt.

2   Der 2^2-Versuchsplan zur Herleitung der Systematik und Definition der Ziele

Beim Herangehen an das Thema Versuchsplanung im vorigen Kapitel wurde die im deutschen Sprachraum sehr häufig benutzte Bezeichnung „Faktorielle Versuchsplanung" gebraucht. Diese beschreibt die Methode auch am treffendsten und wird auch im englischsprachigen Raum als *Factorial Design* häufig verwendet. Eine synonyme Bezeichnung im Deutschen ist „Statistische Versuchsplanung". Oder eben international: *Design of Experiments (DoE)*.

Sie werden sehen, dass am Anfang die systematische Planung von Versuchen steht. Nach deren Durchführung erhalten Sie Ergebnisse, die mit statistischen Methoden ausgewertet und bewertet werden. Und schließlich können Sie dann anhand der so genannten Vorhersagefunktion (dem mathematischen Modell des Systems) die Eingangsgrößen so einstellen, dass die Zielgrößen gewünschte Werte annehmen. Ein klassisches Lehr-Beispiel hierfür, das vielfach an Hochschulen der USA eingesetzt wird, ist das Holzmodell eines Katapults. Zielgröße ist dabei die Wurfweite eines Balls (Golfball, Softball, ...). Als Faktoren dienen Einstellwinkel am Gerät, Spannwege von Gummi oder Feder sowie Eigenschaften des zu katapultierenden Balls. Anhand der Vorhersagefunktion lassen sich dann für eine vorgegebene Wurfweite die Einstellparameter des Katapults berechnen. Bei DoE geht es also nicht zwingend darum, ein Minimum oder Maximum einer Zielgröße zu erreichen. Vielmehr ist es oft das Ziel, ein System oder einen Prozess in einem bestimmten Arbeitspunkt zu fahren. Oft sind es dann wirtschaftliche Randbedingungen, die einzelne Faktoreinstellungen begrenzen.

Die Faktorielle Versuchsplanung hat den Anspruch, bei systematischem Vorgehen und Anwendung statistischer Methoden eine hohe Effizienz bei der Entwicklung und Optimierung von Produkten oder Prozessen sicher zu stellen. Aus den Ergebnissen von relativ wenigen Versuchen lassen sich mathematische Modelle gewinnen, die den Zusammenhang zwischen den Einflussgrößen (auch Einflussfaktoren oder Faktoren genannt) und den Zielgrößen (auch Antwortgrößen genannt) beschreiben. Wichtig bei der Modellbildung ist auch, durch Streuungen der Messwerte vorgegaukelte Effekte zu erkennen und damit umzugehen. Dies geschieht durch Anwendung der Varianzanalyse.

Anders als bei Naturgesetzen gelten diese Modelle (Funktionsgleichungen) jedoch nur in einem bestimmten Bereich, dem sogenannten Versuchsraum, der durch die Maximal- und Minimalwerte der Faktoren bestimmt wird.

Ein wesentlicher Unterschied der Faktoriellen Versuchsplanung zur im vorigen Kapitel beschriebenen OFAT-Methode ist, dass mehrere Faktoren gleichzeitig geändert werden.

Da Versuche Ressourcen an Personal, Zeit, Geräten usw. erfordern, sieht sich der Versuchsverantwortliche in einem Zwiespalt: Einerseits muss er zuverlässige Ergebnisse liefern, wofür ausreichend Zahlenmaterial notwendig ist. Andererseits muss der dafür notwendige Versuchsaufwand gerechtfertigt werden. Ein besonderer Charme der Faktoriellen Versuchsplanung ist, dass mit einer minimalen Anzahl an Versuchen ein mathematisches Modell entsteht, das die Wirkungen und Wechselwirkungen der Faktoren auf die Zielgröße beschreibt. Abbildung 4 zeigt dies in der Black Box-Darstellung.

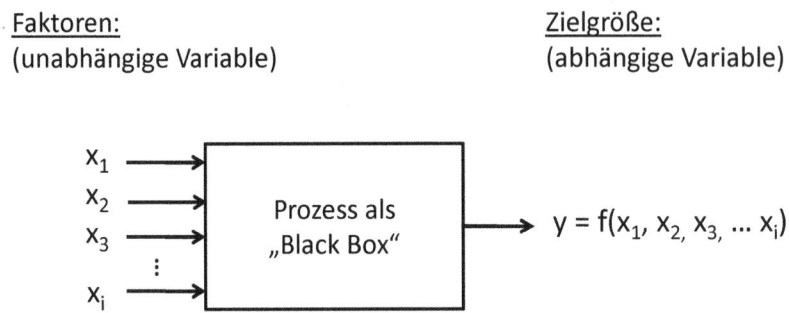

Abbildung 4: Die Vorhersagefunktion: Das mathematische Modell der Faktoriellen Versuchsplanung

Die Einstellung der Faktoren erfolgt nicht kontinuierlich in kleinen Schritten, sondern grundsätzlich in Stufen. Diese werden auch als Niveaus oder Levels bezeichnet. Es mag zunächst kurios klingen oder trivial anmuten, dass mit nur zwei Stufen pro Faktor gute Versuchsplanergebnisse erzielt werden können. Sie werden aber im Lauf der folgenden Kapitel sehen, welcher Erkenntnisgewinn sich bei systematischem Vorgehen auch aus einer relativ kleinen Datenmenge ergibt.

Anhand des Beispiels aus dem vorigen Kapitel, das die Produktmenge eines chemischen Prozesses als Zielgröße hat, soll nun gezeigt werden, wie ein Versuchsplan erstellt wird. Wie schon erwähnt, sollen die beiden Faktoren Temperatur T und Druck p in Stufen eingestellt werden. Für beide Faktoren werden je zwei Stufen definiert: ein niedriges und ein hohes Niveau. Für das genannte Beispiel seien diese Niveaus:

$T_{\text{Niedriges Niveau}}$ = 110 °C und $T_{\text{Hohes Niveau}}$ = 150 °C bzw.

$p_{\text{Niedriges Niveau}}$ = 1,4 bar und $p_{\text{Hohes Niveau}}$ = 3,0 bar.

Damit lässt sich nun ein so genannter 2^2-Versuchsplan aufstellen: Zwei Einflussgrößen werden auf jeweils zwei Niveaus eingestellt. Der Versuchsplan besteht dann aus vier Versuchen entsprechend Tabelle 3. Später wird noch darauf eingegangen, dass die Versuche in zufälliger Reihenfolge und nicht gemäß der Standardreihenfolge des Versuchsplans durchgeführt werden sollen. Durch diese „Randomisierung" können sich Störeinflüsse gegenseitig kompensieren (siehe dazu Kapitel 6).

Versuchs-Nr.	Niveau Faktor A: T [°C]	Niveau Faktor B: p [bar]	Zielgröße M [kg/h]
1	110 (niedrig)	1,4 (niedrig)	M_1
2	150 (hoch)	1,4 (niedrig))	M_2
3	110 (niedrig)	3,0 (hoch)	M_3
4	150 (hoch)	3,0 (hoch)	M_4

Tabelle 3: Je zwei Niveaus der Faktoren begrenzen den Versuchsraum des 2^2-Versuchsplans. Zielgröße ist in diesem Beispiel die Produktmenge in kg/h

Die Niveaus der beiden Faktoren begrenzen den so genannten Versuchsraum, innerhalb dessen der Versuchsplan gilt.

Die vier geplanten Versuche werden mit den entsprechenden Niveaus der Faktoren durchgeführt und die Werte der Zielgrößen M_1 bis M_4 ermittelt. Jeder Versuch liefert als Ergebnis einen Wert der Zielgröße, der Rückschlüsse auf die Wirkungen der beteiligten Faktoren zulässt. Die Wirkungen werden anhand statistischer Methoden auf ihre Signifikanz hin untersucht. Das heißt, es wird geprüft, welche der beobachteten Effekte laut den vorliegenden Daten statistisch „plausibel" (= signifikant) sind. Im nächsten Schritt erhält man dann eine Funktionsgleichung, anhand derer sich für beliebige Faktorkombinationen (Zwischenwerte zwischen den Niveaus) die Zielgröße durch Berechnung vorhersagen lässt. Dies natürlich mit der Einschränkung, dass das aus wenigen Daten gebildete Modell die Wirklichkeit nur näherungsweise abbilden kann.

Die Faktorielle Versuchsplanung erhebt nicht den Anspruch, entsprechend einer physikalischen Formel die Zielgröße für den gesamten denkbaren Wertebereich der Einflussgrößen zu beschreiben. Sie beschränkt sich vielmehr weitgehend auf den durch die festgelegten Niveaus der Faktoren definierten Versuchsraum.

Die Nomenklatur bei den in diesem Buch behandelten Versuchsplänen ist wie folgt:

$$2^k \;\leftarrow\; \text{Anzahl der Faktoren}$$

↑
Anzahl der Niveaus pro Faktor

So besteht beispielsweise der gezeigte 2^2-Versuchsplan aus vier Versuchen: $k=2$ Faktoren auf je zwei Niveaus.

Entsprechend gilt dann für einen 2^3-Versuchsplan mit acht Versuchen: $k=3$ Faktoren auf je zwei Niveaus.

2.1 Quantitative und qualitative Faktoren

Bei den Faktoren eines Versuchsplans ist grundsätzlich zwischen quantitativen und qualitativen Faktoren zu unterscheiden. In den bisherigen Beispielen waren ausschließlich quantitative Faktoren im Spiel. Dies sind auf einer Ordinalskala darstellbare (messbare) physikalische Größen mit entsprechender Maßeinheit, beispielsweise Temperaturen in °C, elektrische Spannungen und Ströme in Volt bzw. Ampere oder Stellwege von Ventilen in mm.

In der Praxis der Versuchsplanung treten auch sehr oft so genannte qualitative Faktoren auf, deren Größen sich nicht in Zahlenwerten einer Intervallskala ausdrücken lassen. Vielmehr sind diese durch Beschreibung von Eigenschaften oder Zuständen anhand einer Nominalskala definiert. Beispiele hierfür sind in Tabelle 4 aufgelistet.

Faktor	Stufe/Niveau	Stufe/Niveau
Katalysatorhersteller	Firma A	Firma B
Rohmaterialkomponente	Lieferant 1	Lieferant 2
Reaktorzustand	Kessel gereinigt	Kessel ungereinigt
Pumpentyp	3212	3215
Werkstoff	100Cr6	16MnCr5
Proband bzw. Interviewer	Mann	Frau
Farbe	rot	grün

Tabelle 4: Beispiele von qualitativen Faktoren mit zwei Niveaus

Die letzten beiden Beispiele der Tabelle 4 zeigen Faktoren, die bei Versuchsplänen in der Medizin/Psychologie oder Werbung/Marketing sehr häufig vorkommen. Beispielsweise wird festgestellt, dass die Ergebnisse von Befragungen zu bestimmten psychologischen Themen signifikant davon abhängen können, welches Geschlecht Fragende und/oder Befragte haben. Ebenso können Farbgebungen in Werbebroschüren wesentliche Faktoren sein, die sich auf Zielgrößen wie Aufmerksamkeit oder Kaufbereitschaft auswirken können.

Aus Gründen der Übersichtlichkeit beschränkt sich die Darstellung in diesem Buch auf Versuchspläne mit je zwei Niveaus pro Faktor. Es liegt auf der Hand, dass gerade bei qualitativen Faktoren zwei Stufen eventuell nicht ausreichen. Dies ist der Fall, wenn beispielsweise mehr als zwei Farben oder die vier Himmelsrichtungen die Faktorstufen bilden sollen. Die inzwischen verfügbaren EDV-Tools erfüllen diese Anforderungen, so dass mit dem Verständnis der hier gezeigten Systematik falls erforderlich auch „höhere" Pläne durchgeführt werden können.

Im Rahmen der schrittweisen Herleitung der Mathematik für die Faktorielle Versuchsplanung in den folgenden Kapiteln werden Sie sehen, wie die oben textlich beschriebenen Niveaus der qualitativen Faktoren in Zahlenwerte transformiert werden.

2.2 Wirkungen der Faktoren auf die Zielgröße

Ein Etappenziel im Rahmen eines faktoriellen Versuchsplans ist, die Wirkungen (Effekte) der Faktoren auf die Zielgröße anhand der Versuchsergebnisse zu ermitteln und deren Einfluss auf die Zielgröße mit statistischen Methoden zu bewerten.

Beispiel: Produktmenge eines Waschrohstoffes

Von einem Chemiereaktor für einen Waschrohstoff sei bekannt, dass die pro Stunde erhaltene Produktmenge M durch die Reaktortemperatur T (Faktor A) und die Verweildauer t (Faktor B) einer bestimmten Komponente im Reaktor abhängig ist und damit beeinflusst werden kann. Im Rahmen eines Versuchsplans sollen die Wirkungen der genannten Faktoren auf die Zielgröße M untersucht werden.

Die Niveaus der beiden Faktoren seien entsprechend Tabelle 5 einzustellen.

Faktor	Niedriges Niveau	Hohes Niveau	Maßeinheit
A (Temperatur T)	$T_1=130$	$T_2=140$	°C
B (Verweildauer t)	$t_1=3$	$t_2=4$	h

Tabelle 5: Niveaus der Faktoren für den Versuchsplan „Produktmenge eines Waschrohstoffs"

Tabelle 6 zeigt die Produktmengen als Ergebnisse der vier Versuche eines 2^2-Versuchsplans.

Versuchs-Nr.	Niveaus		Zielgröße M	
	Faktor A: T [°C]	Faktor B: t [h]	Produktmenge [kg/h]	
1	130	3	70	$M_{T1,\,t1}$
2	140	3	72	$M_{T2,\,t1}$
3	130	4	80	$M_{T1,\,t2}$
4	140	4	82	$M_{T2,\,t2}$

Tabelle 6: Gemessene Werte der Zielgröße des Versuchsplans „Produktmenge eines Waschrohstoffs"

In Versuch Nr. 3 wurde im Vergleich zu Versuch Nr. 1 bei niedrigem Temperaturniveau von 130 °C die Verweildauer von 3 auf 4 Stunden erhöht. Zu beobachten ist dabei eine Steigerung der Produktmenge M von

$M_{T1,\,t1} = 70\ kg/h$ auf $M_{T1,\,t2} = 80\ kg/h$.

Diese Erhöhung der Produktmenge als Ergebnis der erhöhten Verweildauer wird als Wirkung oder Effekt des Faktors B bei niedrigem Niveau des Faktors A bezeichnet (siehe Abbildung 5). Die Berechnung einer Faktorwirkung ist definiert als Differenz der entsprechenden Werte der Zielgröße. Im vorliegenden Fall also folgendermaßen:

Wirkung von B auf niedrigem Niveau von A: $M_{T1, t2} - M_{T1, t1} = 80 - 70 = 10$

(Die Maßeinheit kg/h wird im Folgenden aus Gründen der Übersichtlichkeit weggelassen).

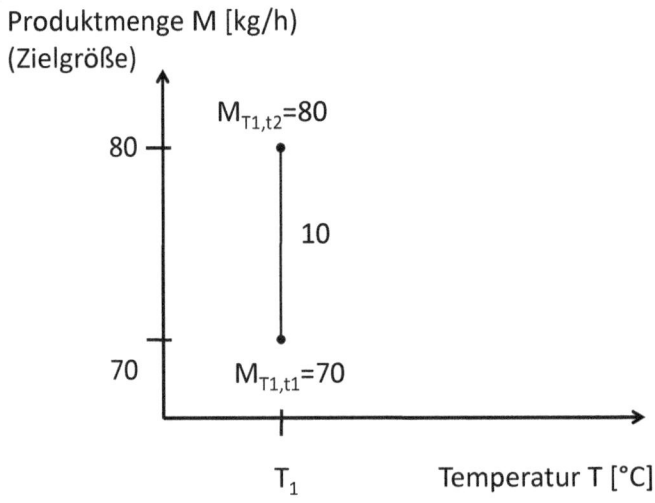

Abbildung 5: Die Wirkung der Verweildauer t auf die Produktmenge M bei niedrigem Temperaturniveau T_1

Als nächstes soll nun die Wirkung des Faktors B (Verweildauer *t*) bei hohem Niveau des Faktors A (Temperatur *T*) betrachtet werden. Dazu sind die Zielgrößen der Versuche Nr. 2 und 4 zu vergleichen (Abbildung 6). Mit $M_{T2, t1} = 72$ und $M_{T2, t2} = 82$ erhält man die gesuchte

Wirkung von B auf hohem Niveau von A: $M_{T2, t2} - M_{T2, t1} = 82 - 72 = 10$

Das Ergebnis zeigt, dass der Einfluss der Verweildauer auf die Produktmenge unabhängig vom Niveau der Temperatur ist. Anders ausgedrückt: Eine Erhöhung der Verweildauer wirkt sich bei niedriger Temperatur gleich aus wie bei höherer Temperatur. Die Produktmenge wird in beiden Fällen um 10 kg/h gesteigert. Dies ist in Abbildung 6 durch die parallelen Verbindungen der entsprechenden Messpunkte (gestrichelt gezeichnet) dargestellt.

Analog zur gezeigten Ermittlung der Wirkungen der Verweildauer (Faktor *B*) erfolgt die Ermittlung der Wirkung der Temperatur (Faktor *A*):

Wirkung von A bei niedrigem Niveau von B: $M_{T2, t1} - M_{T1, t1} = 72 - 70 = 2$

Wirkung von A bei hohem Niveau von B: $M_{T2, t2} - M_{T1, t2} = 82 - 80 = 2$

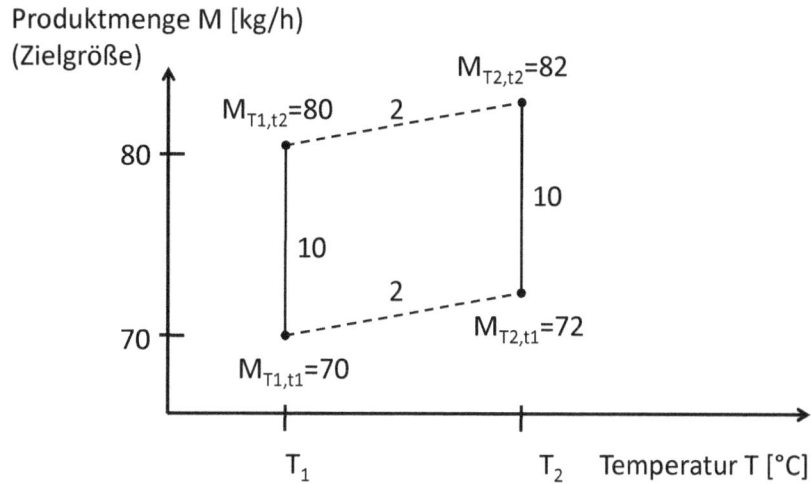

Abbildung 6: Wirkungsdiagramm: In diesem Beispiel sind die Wirkungen der Faktoren unabhängig vom Niveau des jeweils anderen Faktors

Die in diesem Kapitel betrachteten zwei Wirkungen des 2^2-Versuchsplans werden als Hauptwirkungen bezeichnet. Der vorliegende Fall mit seinen fiktiven Daten ist allerdings insofern etwas untypisch, als die Faktoren unabhängig vom Niveau des jeweils anderen Faktors auf die Zielgröße wirken. Das Wirkungsdiagramm in Abbildung 6 hat hier die Form eines Parallelogramms.

Außer den Hauptwirkungen (*Main Effects*) kann es auch Wechselwirkungen zwischen den Faktoren geben. Was das bedeutet und wie diese berechnet werden, sehen Sie im nächsten Kapitel.

2.2.1 Wechselwirkungen

Die Zahlen des Beispiels entsprechend Abbildung 6 waren ein wenig konstruiert, indem beide Faktoren auf beiden Niveaus des jeweils anderen Faktors dieselbe Wirkung zeigten. Die Erhöhung der Verweildauer vom niedrigen auf das hohe Niveau brachte auf beiden Temperaturniveaus eine Erhöhung der Produktmenge um 10 kg/h. Die Erhöhung der Temperatur brachte auf beiden Niveaus der Verweildauer eine Erhöhung der Produktmenge um 2 kg/h.

Dieser „Gleichklang" von Wirkungen ist in der Praxis nicht immer gegeben. Das Beispiel soll nun so abgewandelt werden, dass sich bei Versuch Nr. 4 eine Produktmenge von nur 76 kg/h (statt 82 kg/h) ergeben hätte, wenn beide Faktoren auf hohes Niveau eingestellt gewesen wären. Anhand des so genannten Wirkungsdiagramms (Abbildung 7) sieht man, dass sich die Erhöhung der Verweildauer bei niedrigem Temperaturniveau stärker auswirkt (10 kg/h) als bei hohem Niveau (4 kg/h). Ein solches Verhalten wird als Wechselwirkung bezeichnet.

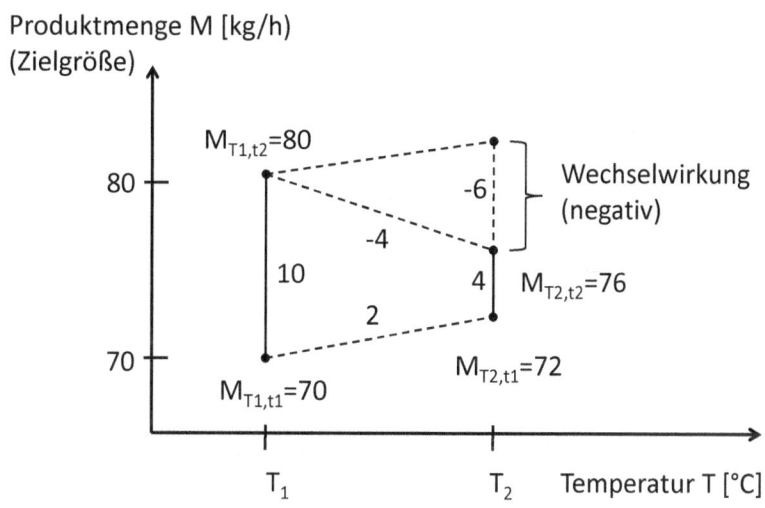

Abbildung 7: Wirkungsdiagramm mit <u>negativer</u> Wechselwirkung zwischen den Faktoren A (Temperatur T) und B (Verweildauer t)

Eine Wechselwirkung ist definiert als die Differenz der Wirkungen des hohen und niedrigen Niveaus eines Faktors. Im vorliegenden Fall spricht man von der Wechselwirkung AB[2].

Demnach ist die Wechselwirkung AB gleich der Wirkung des Faktors A bei hohem Niveau des Faktors B abzüglich der Wirkung von A bei niedrigem Niveau von B. Für das vorliegende Beispiel gilt dann:

$$AB = (M_{T2,t2} - M_{T1,t2}) - (M_{T2,t1} - M_{T1,t1})$$

---

[2] Zur Unterscheidung von den Faktornamen werden die Wirkungen und Wechselwirkungen im Text kursiv dargestellt

Durch Einsetzen der Zahlenwerte ergibt sich als Wechselwirkung AB zwischen den Faktoren A und B:

(76 - 80) - (72 - 70) = - 4 - 2 = - 6

Im vorliegenden Fall hat die Wechselwirkung AB negatives Vorzeichen. Das heißt, bei höherer Temperatur bewirkt die höhere Verweildauer eine geringere Steigerung der Produktmenge.

Gibt es auch eine Wechselwirkung BA? Das wäre dann die Wirkung von B bei hohem Niveau von A abzüglich der Wirkung von B bei niedrigem Niveau von A:

$BA = (M_{T2,t2} - M_{T2,t1}) - (M_{T1,t2} - M_{T1,t1})$

Sie sehen, dass die beiden Beziehungen AB und BA dieselben sind. Die Wechselwirkung AB ist demnach gleich der Wechselwirkung BA. Es gibt also zwischen den Faktoren A und B nur die eine Wechselwirkung, die fortan als AB bezeichnet wird.

Grafisch sind Wechselwirkungen daran zu erkennen, dass die (gestrichelten) Geraden zwischen den Versuchspunkten nicht parallel verlaufen. Wechselwirkungen können positiv oder negativ sein. In den Wirkungsdiagrammen lässt sich dies an den Steigungen der Geraden ablesen. Abbildung 8 zeigt den Fall einer positiven Wechselwirkung. Bei höherer Temperatur wirkt sich hier die Verweildauer stärker auf die Steigerung der Produktmenge aus als bei niedriger Temperatur.

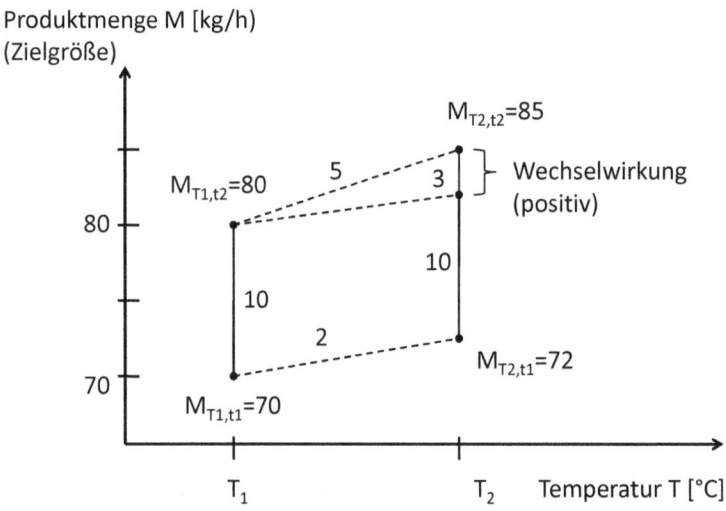

Abbildung 8: Wirkungsdiagramm mit <u>positiver</u> Wechselwirkung zwischen den Faktoren A (Temperatur T) und B (Verweildauer t)

Mit den Werten entsprechend Abbildung 8 ergibt sich für die Wechselwirkung AB:

$AB = (M_{T2,t2} - M_{T1,t2}) - (M_{T2,t1} - M_{T1,t1}) = (85 - 80) - (72 - 70) = 5 - 2 = 3$

2.2.2 Systematik und Nomenklatur zur Berechnung der Wirkungen und Wechselwirkungen

In den vorherigen Kapiteln wurde die Berechnung der Wirkungen und Wechselwirkungen anhand eines Beispiels mit Zahlenwerten erläutert.

Im Folgenden wird nun eine standardisierte Systematik mit Nomenklatur zur Bezeichnung der Versuchsergebnisse, der Wirkungen und der Wechselwirkungen vorgestellt. Anhand dieser können beliebige 2^2-Versuchspläne durchgeführt werden. In den darauf folgenden Kapiteln werden Sie sehen, wie diese Systematik auch für „höhere" Versuchspläne anwendbar ist.

Die vier Versuche des 2^2-Versuchsplans erhalten standardisierte Bezeichnungen entsprechend Abbildung 9. Da ist zunächst der so genannte Grundversuch. Bei diesem sind alle Faktoren auf niedrigem Niveau. Er erhält die Bezeichnung (g). In der Literatur ist auch die Bezeichnung (1) oder (0) für den Grundversuch zu finden. Diese führt aber beim Rechnen mit Zahlen oft zu Verwechslungen mit dem Wert 1 bzw. 0. Um dies auszuschließen, wird der Grundversuch im Folgenden mit (g) bezeichnet. Bei den anderen drei Versuchen bedeuten genannte Faktornamen (in Kleinbuchstaben), dass die entsprechenden Faktoren auf hohes Niveau einzustellen sind. Für Faktoren auf niedrigem Niveau erfolgt keine Nennung.

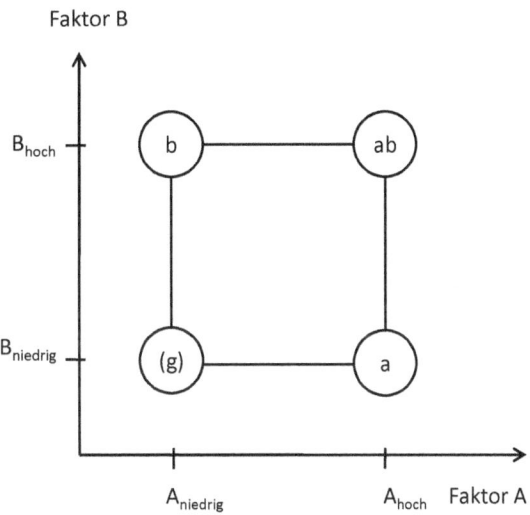

Abbildung 9: Die Bezeichnungen der vier Versuche eines 2^2-Versuchsplans

Mit den bekannten Rechenvorschriften zur Ermittlung der Wirkungen und der Wechselwirkung erhalten Sie mit der genannten Nomenklatur folgende Beziehungen:

Wirkung von A:

    auf niedrigem Niveau von B: $a - (g)$

    auf hohem Niveau von B: $ab - b$

Mittlere Wirkung von A: $\frac{1}{2}(a - (g)) + \frac{1}{2}(ab - b) = \frac{1}{2}(a + ab) - \frac{1}{2}((g) + b)$

Wirkung von B:

    auf niedrigem Niveau von A: $b - (g)$

    auf hohem Niveau von A: $ab - a$

Mittlere Wirkung von B: $\frac{1}{2}(b - (g)) + \frac{1}{2}(ab - a) = \frac{1}{2}(b + ab) - \frac{1}{2}((g) + a)$

Wechselwirkung AB:

    Wirkung von A auf hohem Niveau von B: $ab - b$

    Wirkung von A auf niedrigem Niveau von B: $a - (g)$

Mittlerer Wert der Differenz der Wirkungen: $\frac{1}{2}(ab - b) - \frac{1}{2}(a - (g)) = \frac{1}{2}((g) + ab) - \frac{1}{2}(a + b)$

Hierbei ist anzumerken, dass als Wirkungen und Wechselwirkung jeweils die Mittelwerte der Wirkungen zwischen niedrigem und hohem Niveau anzusetzen sind[3].

Es gilt also:

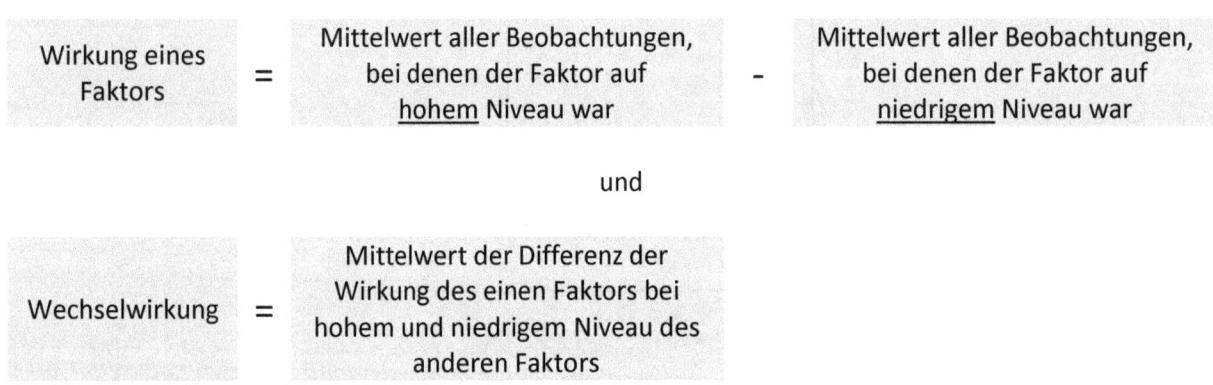

Anhand der oben hergeleiteten Formeln zur Berechnung der beiden Wirkungen A, B und der Wechselwirkung AB lässt sich die Systematik erkennen, mit welchen Vorzeichen die jeweiligen Versuchswerte in die Berechnung der Wirkungen eingehen. Anhand des Vorzeichenschemas (Tabelle 7) lassen sich die Formeln leicht aufstellen. Bei genauer Betrachtung der Vorzeichen zur Berechnung der Wechselwirkung AB sehen Sie eine weitere nützliche Systematik: Die Vorzeichen zur Berechnung der Wechselwirkung lassen sich durch Multiplikation aus denen der zugehörigen Wirkungen berechnen.

---

[3] In den einführenden Zahlenbeispielen am Anfang des Kapitels wurde die Mittelwertbildung aus Gründen der Übersichtlichkeit weggelassen

In der Spalte I sind alle Vorzeichen positiv. Damit lassen sich die Summe bzw. der später noch benötigte arithmetische Mittelwert der vier Zielgrößen berechnen. Diese Spalte wird auch als Identitätsspalte bezeichnet.

Versuchs-		I	Vorzeichen der Wirkungen		
Nr.	Bezeichnung		A	B	AB
1	(g)	1	-1	-1	1
2	a	1	1	-1	-1
3	b	1	-1	1	-1
4	ab	1	1	1	1

$$AB = \frac{1}{2}((g) - a - b + ab)$$

$$B = \frac{1}{2}(-(g) - a + b + ab)$$

$$A = \frac{1}{2}(-(g) + a - b + ab)$$

Tabelle 7: Vorzeichenschema zur Berechnung der Wirkungen und der Wechselwirkung beim 2^2-Versuchsplan (Versuche in Standardreihenfolge)

Die Vorzeichen der Wirkungen sind in Tabelle 7 mit -1 und 1 bezeichnet. Diese Darstellung eignet sich gut, um die Arithmetik zur Berechnung der Wirkungen zu verdeutlichen. Bei der Abbildung von Plänen mithilfe von Tabellenkalkulationsprogrammen ist dies zur Aufstellung der Formeln auch nützlich. Aus Gründen der Übersichtlichkeit wird aber im weiteren Fortgang des Buches bei Plänen mit mehr als zwei Faktoren die international übliche Darstellung mit Plus- und Minuszeichen verwendet.

Das bisherige Zahlenbeispiel „Produktmenge" soll nun mit etwas abgewandelten Werten die Berechnung der Wirkungen nochmals zeigen. Tabelle 8 stellt die Ergebnisse des 2^2-Versuchsplans mit der Zielgröße Produktmenge pro Stunde dar. Faktor A ist die Reaktortemperatur T und Faktor B die Verweildauer t im Reaktor.

Versuch	Produktmenge	Niveaus	
	[kg/h]	Faktor A: T [°C]	Faktor B: t [h]
(g)	70	130	3
a	74	140	3
b	80	130	4
ab	82	140	4

Tabelle 8: Ein weiterer 2^2-Versuchsplan „Produktmenge"

Die Wirkungen und die Wechselwirkung berechnen sich wie folgt:

Wirkung A: $\quad \frac{1}{2}(-(g) + a - b + ab) = \frac{1}{2}(-70 + 74 - 80 + 82) = 3$

Wirkung B: $\quad \frac{1}{2}(-(g) - a + b + ab) = \frac{1}{2}(-70 - 74 + 80 + 82) = 9$

Wechselwirkung AB: $\quad \frac{1}{2}(+(g) - a - b + ab) = \frac{1}{2}(+70 - 74 - 80 + 82) = -1$

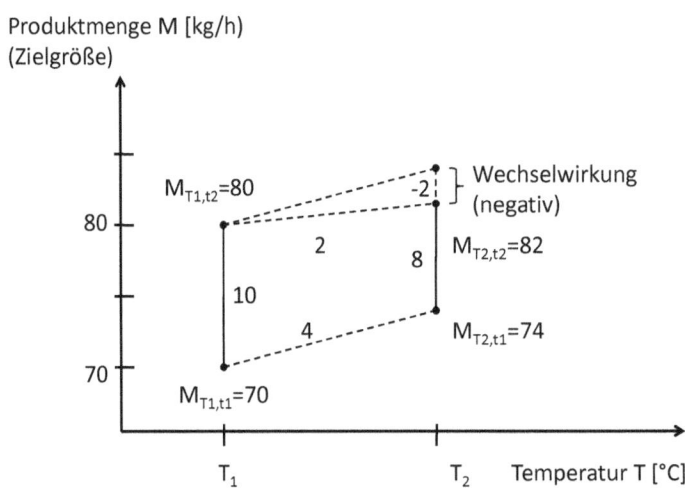

Abbildung 10: Die Wirkungen und die Wechselwirkung des Versuchsplans aus Tabelle 8. Beachte: Die Zahlenwerte für die Wirkungen sind noch zu mitteln.

Hinzuweisen ist hier noch auf eine kleine Unsauberkeit in den Definitionen. Die Mehrfachbedeutung der folgenden Symbole sollte Sie nicht irritieren:

    (g), a, b, ab: Versuchsbezeichnung, Versuchsergebnis (Zielgröße), Faktorkombination
    A, B, AB: Faktorbezeichnung, Wirkung/Wechselwirkung

Zur Unterscheidung zwischen den Faktorbezeichnungen und deren Wirkungen werden letztere im Text dieses Buches in Kursivschrift dargestellt.

Erfahrungsgemäß sind Wechselwirkungen zwischen den Parametern in chemischen Systemen weitaus wahrscheinlicher als in mechanischen. Dies gilt in vielen Fällen für Temperaturen und Konzentrationen der beteiligten Stoffe, die sich wechselseitig beeinflussen.

Der gezeigte Versuchsplan wird als Plan 1. Ordnung bezeichnet: Die Faktoren werden auf jeweils zwei Stufen eingestellt und mit den Versuchsergebnissen werden die Koeffizienten für eine lineare Vorhersagefunktion ermittelt.

2.2.3 Grafische Darstellung der Wirkungen und der Wechselwirkung

Die berechneten Effekte lassen sich sehr anschaulich grafisch darstellen. Für jede Hauptwirkung ist dies eine Gerade, die in das so genannte Wirkungsdiagramm (Abbildung 11) eingezeichnet wird. Die Anfangs- und Endpunkte der Geraden werden durch die Mittelwerte gebildet, die sich aus den Versuchsergebnissen bei niedrigem bzw. hohem Niveau der entsprechenden Faktoren ergeben. Tabelle 9 zeigt die Berechnung der Anfangs- und Endpunkte.

Faktor-Niveau	Mittelwerte der Versuchsergebnisse	
	A: Temperatur	B: Verweildauer
niedrig	$\frac{1}{2}((g) + b) = \frac{1}{2}(70 + 80) = 75$	$\frac{1}{2}((g) + a) = \frac{1}{2}(70 + 74) = 72$
hoch	$\frac{1}{2}(a + ab) = \frac{1}{2}(74 + 82) = 78$	$\frac{1}{2}(b + ab) = \frac{1}{2}(80 + 82) = 81$

Tabelle 9: Mittelwerte der Versuchsergebnisse (Faktoren auf niedrigem und hohem Niveau)

Die grafische Darstellung der Hauptwirkungen zeigt Abbildung 11. Beide Faktoren wirken steigernd auf die Zielgröße. Die Zielgröße wird ab sofort in Vorbereitung der Herleitung der Vorhersagefunktion mit *y* bezeichnet.

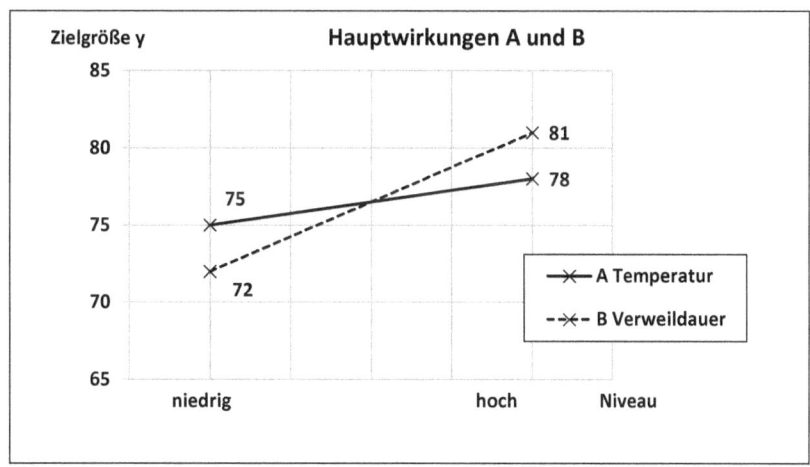

Abbildung 11: Grafische Darstellung der Hauptwirkungen A und B im Wirkungsdiagramm (Main Effects Plot)

Die grafische Darstellung der Wechselwirkung *AB* besteht auch aus zwei Geraden (Abbildung 12). Die eine Gerade bilden die *y*-Werte, die die Versuche bei niedrigem und bei hohem Niveau von A ergeben haben (Versuche *(g)* und *a*). Für die andere Gerade sind es die Versuche *b* und *ab*. Man erhält also entsprechend Tabelle 10 die Zielgröße *y* als Funktion von A mit B als Parameter. Diese Darstellung der Wechselwirkung zwischen A und B wird als Wechselwirkungsdiagramm (*Interaction Plot*) bezeichnet.

Sie beantwortet die Frage: Wie wirkt der Faktor A (hier die Temperatur) in Abhängigkeit von Parameter B (hier die Verweildauer)? Man sieht an den Steigungen der beiden Geraden, dass die Temperatur bei niedriger Verweildauer etwas stärker wirkt.

	A	B	y
B niedrig	-1	-1	$y_{(g)} = 70$
	1	-1	$y_{(a)} = 74$
B hoch	-1	1	$y_{(b)} = 80$
	1	1	$y_{(ab)} = 82$

Tabelle 10: Die Versuchsergebnisse y definieren die beiden Wechselwirkungsgeraden für den Parameter B

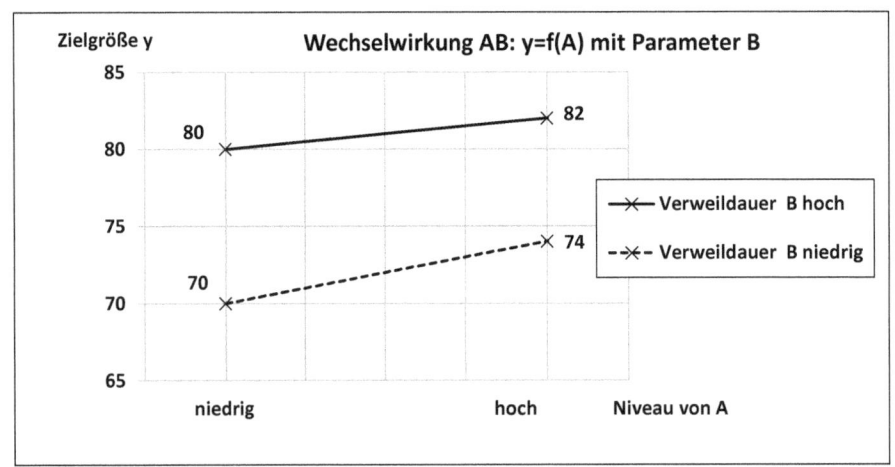

Abbildung 12: Grafische Darstellung der Wechselwirkung AB im Wechselwirkungsdiagramm (Interaction Plot); y=f(A) mit Parameter B

Umgekehrt lässt sich die Wechselwirkung auch als Funktion *y= f(B)* mit A als Parameter darstellen. Leicht erkennt man durch Vergleich von Tabelle 10 und Tabelle 11, dass die unterschiedlichen Darstellungen allein durch Vertauschen der Werte $y_{(a)}$ und $y_{(b)}$ zustande gekommen sind.

	A	B	y
A niedrig	-1	-1	$y_{(g)} = 70$
	-1	1	$y_{(b)} = 80$
A hoch	1	-1	$y_{(a)} = 74$
	1	1	$y_{(ab)} = 82$

Tabelle 11: Die Versuchsergebnisse y definieren die beiden Wechselwirkungsgeraden für den Parameter A

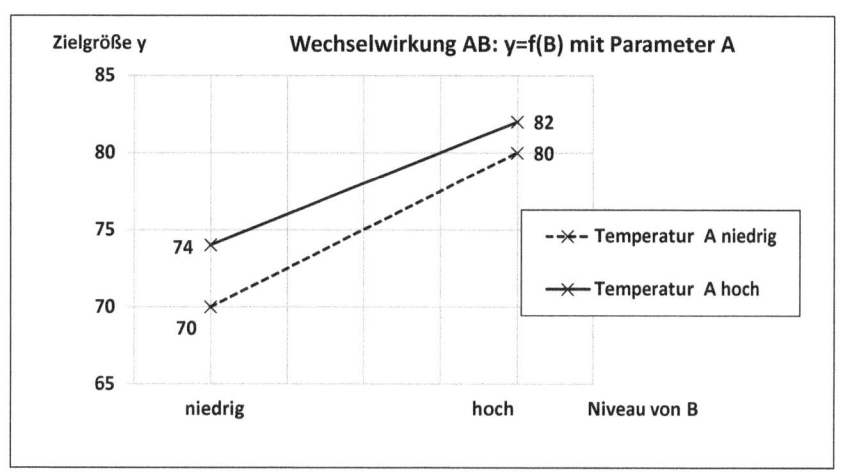

Abbildung 13: Wechselwirkungs-Diagramm y=f(B) mit Parameter A

Auch hier sieht man an der Steigung der beiden Geraden, dass die Temperatur bei niedriger Verweildauer etwas stärker auf die Zielgröße wirkt.

Bitte beachten Sie, dass es - wie schon gezeigt - bei einem 2^2-Versuchsplan nur *eine* Wechselwirkung *AB* geben kann. Die obigen Abbildungen zeigen die Sachlage lediglich in unterschiedlichen Darstellungen mit Abhängigkeit von Parameter B bzw. A.

Wozu werden nun diese Interaction Plots in der Praxis erstellt? Sie dienen grundsätzlich zur qualitativen Beurteilung einer vermuteten Wechselwirkung. Leicht einzusehen ist, ob es sich um eine positive oder negative Wechselwirkung handelt. Und man bekommt auch schnell eine grobe Information über die „Stärke" der Wechselwirkung.

Im folgenden Kapitel werden die Wechselwirkungen kategorisiert und ein paar Lesehilfen zu den Interaction Plots gegeben. Ob beobachtete Wechselwirkungen auch statistisch signifikant sind, werden Sie anhand der Varianzanalyse in Kapitel 2.2.4 erfahren.

2.2.3.1 Ordinale, disordinale und semidisordinale Wechselwirkungen

Man unterscheidet drei Arten von Wechselwirkungen: ordinale, disordinale und semidisordinale. Diese Kategorisierung ist im Folgenden anhand des 2^2-Versuchsplans beschrieben.

Ordinale Wechselwirkungen

Von ordinalen Wechselwirkungen spricht man, wenn diese betragsmäßig kleiner als jede der beiden Hauptwirkungen sind. Anders ausgedrückt: Für beide Faktoren bringt die Erhöhung des Niveaus eine Erhöhung der Zielgröße bzw. umgekehrt. Die Steigungen der Geraden des Wechselwirkungs-Diagramms haben für *beide* Parameter dasselbe Vorzeichen. Sie kreuzen sich nicht.

Anhand eines einfachen Zahlenbeispiels sei dies erklärt. Bei einem 2^2-Versuchsplan wurden vier Zielwerte y entsprechend Tabelle 12 gemessen.

Versuch	Zielgröße y
(g)	4
a	6
b	5
ab	9

Tabelle 12: Ein 2^2-Versuchsplan zur Demonstration einer ordinalen Wechselwirkung

Die Geraden der Wechselwirkungsdiagramme (Abbildung 14) kreuzen sich nicht. Dies gilt für beide Darstellungen.

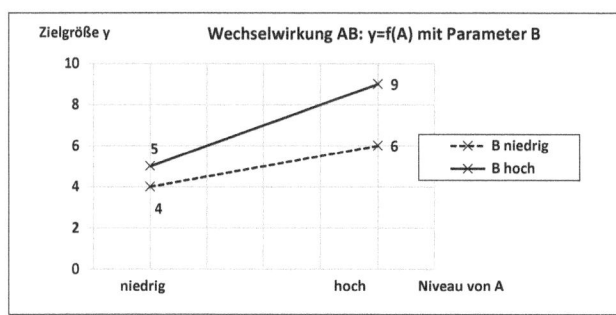 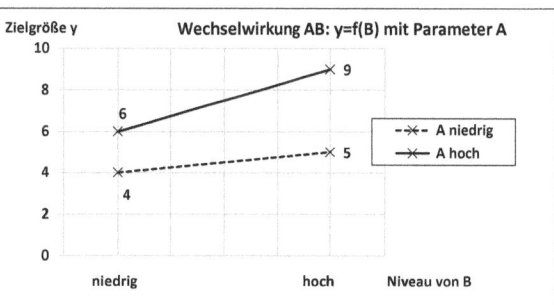

Abbildung 14: Ordinale Wechselwirkung: Für beide Parameter ergibt sich dasselbe Steigungsvorzeichen der Geraden

Disordinale Wechselwirkungen

Bei disordinalen Wechselwirkungen ist der Betrag der Wechselwirkung größer als die Beträge der beiden Hauptwirkungen. In den Wechselwirkungsdiagrammen kreuzen sich die Geraden in beiden Darstellungen (Beispiel Tabelle 13 und Abbildung 15).

Versuch	Zielgröße y
(g)	4
a	7
b	8
ab	2

Tabelle 13: Ein 2^2-Versuchsplan zur Demonstration einer disordinalen Wechselwirkung

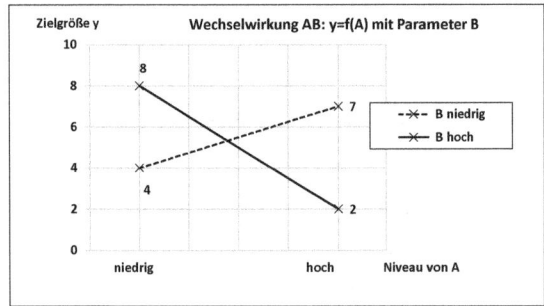 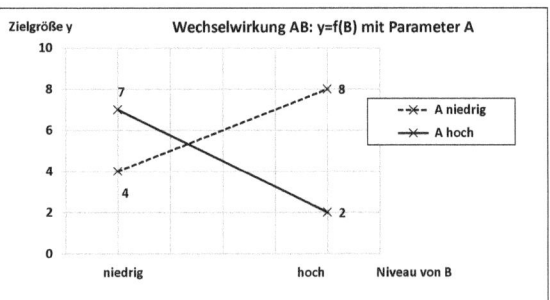

Abbildung 15: Disordinale Wechselwirkung: Für beide Parameter kreuzen sich die Geraden

Semidisordinale Wechselwirkungen

Bei dieser Kategorie ist die Wechselwirkung größer als die eine und kleiner als die andere Hauptwirkung (betrachtet werden jeweils die Beträge). Es liegt also hier ein disordinaler und ein ordinaler Faktor vor. Dies ist im Zahlenbeispiel entsprechend Tabelle 14 der Fall.

Versuch	Zielgröße y
(g)	2
a	5
b	9
ab	7

Tabelle 14: Ein 2^2-Versuchsplan zur Demonstration einer semidisordinalen Wechselwirkung

In der grafischen Darstellung kreuzen sich die Geraden der Interaction Plots für den ordinalen Faktor nicht. Umgekehrt ist es beim disordinalen Faktor.

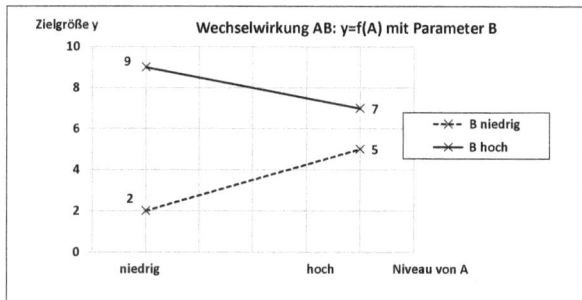 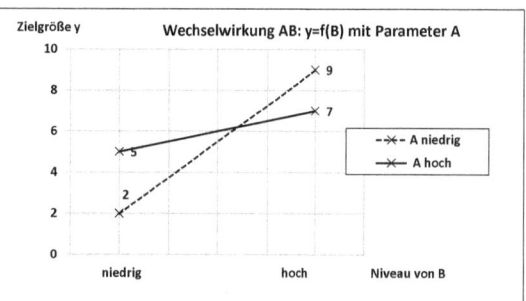

Abbildung 16: Semidisordinale Wechselwirkung: Nur für einen der beiden Parameter kreuzen sich die Geraden

Abbildung 16 zeigt im Fall y=f(A), dass der Faktor B ordinal auf Faktor A ist. Im Fall y=f(B) ist es umgekehrt: Hier ist A disordinal auf B.

Wie die Beispiele in diesem Kapitel zeigen, ist es für die Kategorisierung der Wechselwirkung anhand der Diagramme erforderlich, beide Darstellungen (y=f(A) und y=f(B)) zu betrachten.

Das Flussdiagramm in Abbildung 17 hilft bei der Kategorisierung der Wirkungen anhand der Steigungen der Geraden.

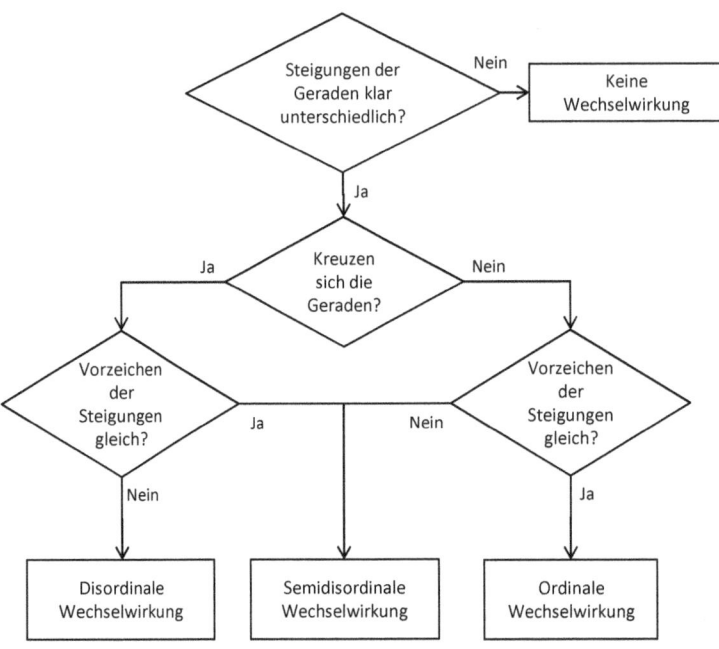

Abbildung 17: Unterscheidung der drei Kategorien von Wirkungen anhand der Steigungen der Geraden[4]

Im nächsten Kapitel erfahren Sie, wie anhand einer statistischen Methode objektiv entschieden wird, ob Wirkungen und Wechselwirkung tatsächlich existieren oder ob die beobachteten Effekte anderweitig zu deuten sind.

---

[4] Nach Jacobs, Bernhard: Einführung in die Versuchsplanung

2.2.4 Signifikanz der Wirkungen: Varianzanalyse (F-Test)

Bei den bisherigen Betrachtungen wurden die aus den Versuchsergebnissen berechneten Wirkungen und die Wechselwirkung als tatsächlich vorhanden betrachtet. Zu unterscheiden, ob diese wirklich vorhanden sind oder durch irgendwelche Störeinflüsse zu erklären sind, ist Inhalt dieses Kapitels.

Ein einfacher Größenvergleich zwischen den Wirkungen und der Wechselwirkung wäre natürlich statistisch nicht fundiert. Vielmehr wird zur Beurteilung der Signifikanz die Methode der Varianzanalyse (Streuungszerlegung, ANOVA = *Analysis of Variances*) angewandt[5].

Das Prinzip der ANOVA und deren Anwendung bei DoE wird im Folgenden kurz erläutert und dann anhand von Zahlenbeispielen ausführlich behandelt.

Zur Erinnerung: Die Summe der Abweichungsquadrate zwischen Werten und deren Mittelwert ist ein Maß für die Streuung der Werte. Mit SS_I wird die so genannte Quadratsumme aus den Gruppenmittelwerten und dem Großmittel bezeichnet. Es gibt hier zwei Gruppen (siehe unten). Das Großmittel ist der arithmetische Mittelwert aller in die Berechnung der Quadratsumme einbezogenen Werte. SS_I ist damit ein Maß für den Einfluss des untersuchten Parameters, hier also des untersuchten Faktors.
SS_R steht für die Streuung der einzelnen Messwerte um den jeweiligen Gruppenmittelwert und ist damit ein Maß für den Anteil der Gesamtstreuung, die auf den Versuchsfehler zurückzuführen ist.

Ziel der Varianzanalyse ist, anhand eines F-Tests zu entscheiden, ob der jeweils untersuchte Faktor eine signifikante Wirkung hat. Der Test wird auf einem vorher definierten Signifikanzniveau α (auch als Irrtumswahrscheinlichkeit bezeichnet) durchgeführt. Die Testgröße F wird wie folgt gebildet:

$$F = \frac{\frac{SS_I}{f_I}}{\frac{SS_R}{f_R}} = \frac{MS_I}{MS_R}$$

f_I und f_R sind die der Berechnung zugrundeliegenden Freiheitsgrade. MS_I und MS_R sind die mittleren Quadratsummen.

Für jede der ermittelten Wirkungen und Wechselwirkungen des Versuchsplans wird eine Varianzanalyse durchgeführt. Dazu werden die Versuchsergebnisse in zwei Gruppen eingeteilt. In Gruppe 1 kommen die Werte, bei denen der untersuchte Faktor auf niedrigem Niveau war. Gruppe 2 erhält die Werte bezüglich der hohen Faktorniveaus. In Tabelle 15 ist die Gruppeneinteilung zur Varianzanalyse am Beispiel des Faktors A dargestellt.

---

[5] Siehe beispielsweise Elser, Thomas: Statistik für die Praxis

	Gruppenwerte	Gruppensummen	Gruppenmittel
Gruppe 1: $A_{niedrig}$	(g) b	$(g) + b$	$\dfrac{(g) + b}{2}$
Gruppe 2: A_{hoch}	a ab	$a + ab$	$\dfrac{a + ab}{2}$

Tabelle 15: Die 2 Gruppen der Varianzanalyse für Faktor A eines 2²-Versuchsplans

Für diese Varianzanalyse gilt:

    Anzahl der Gruppen: $\quad I = 2$

    Anzahl Freiheitsgrade: $\quad f_I = I - 1 = 1$

    Anzahl der Werte pro Gruppe: $\quad J = 2$

Für die Quadratsummen (zwischen den Gruppen) des Faktors A gilt:

$$SS_I = SS_A = J \cdot \sum_{i=1}^{I}(Gruppenmittel\ i - Gesamtmittel)^2 =$$

$$2\left(\frac{(g)+b}{2} - \frac{(g)+b+a+ab}{4}\right)^2 + 2\left(\frac{a+ab}{2} - \frac{(g)+b+a+ab}{4}\right)^2 =$$

$$2\left(\frac{(g)+b-a-ab}{4}\right)^2 + 2\left(\frac{a+ab-(g)-b}{4}\right)^2 =$$

$$2\left(\frac{-2A}{4}\right)^2 + 2\left(\frac{+2A}{4}\right)^2 = A^2$$

Entsprechend gilt für die Quadratsummen der Wirkung *B* und der Wechselwirkung *AB*:

$SS_B = B^2$

$SS_{AB} = (AB)^2$

Die mittleren Quadrate berechnen sich nach $MS_I = \dfrac{SS_I}{f_I}$.

Mit $f_I = I - 1 = 1$ ergibt sich:

$$MS_A = \frac{SS_A}{1} = SS_A$$

$$MS_B = SS_B$$

$$MS_{AB} = SS_{AB}$$

Mit den Zahlenwerten des Beispiels „Produktmenge" (Tabelle 8) ergeben sich die mittleren Quadrate:

$$MS_A = A^2 = 3^2 = 9$$
$$MS_B = B^2 = 9^2 = 81$$
$$MS_{AB} = (AB)^2 = (-1)^2 = 1$$

Jetzt wird noch das mittlere Quadrat MS_R als Maß für die Zufallsstreuung der Werte (auch als Versuchsfehler bezeichnet) benötigt. In der Praxis ist dieser Wert oft aus vorangegangenen Versuchen bekannt oder wird anhand der höheren Wechselwirkungen geschätzt[6]. Im vorliegenden Beispiel wird davon ausgegangen, dass die Summe SS_R der Abweichungsquadrate und der der Berechnung zugrunde gelegte Freiheitsgrad f_R bekannt sind. Die genannten Werte seien $SS_R = 1{,}6$ und $f_R = 4$.

Damit ist das mittlere Quadrat:

$$MS_R = \frac{SS_R}{f_R} = \frac{1{,}6}{4} = 0{,}4$$

Laut F-Test ist die untersuchte Wirkung dann signifikant, wenn die Prüfgröße $F = \frac{MS_I}{MS_R}$ größer ist als der kritische Wert (Critical Value oder Grenzwert) $F_{1-\alpha}(f_I; f_R)$ der F-Verteilung[7]:

$$F > F_{1-\alpha}(f_I; f_R)$$

Für das vorliegende Beispiel ergibt sich der F-Wert der Wirkung A:

$$F_A = \frac{MS_A}{MS_R} = \frac{9}{0{,}4} = 22{,}5$$

Wird der F-Test auf einem Sicherheitsniveau von 1-α = 95 % durchgeführt, so erhält man als Grenzwert der F-Verteilung:

$$F_{1-\alpha}(f_I; f_R) = F_{0{,}95}(1; 4) = 7{,}7$$

Das Ergebnis des F-Tests für die Wirkung A lautet: Da der berechnete F-Wert ($F_A = 22{,}5$) größer als der Grenzwert der F-Verteilung ($F_{0{,}95}(1; 4) = 7{,}7$) ist, wird mit einer Irrtumswahrscheinlichkeit von ∝ = 5 % angenommen, dass die Wirkung A signifikant ist.
Entsprechend werden nun die F-Tests für die Wirkung B und die Wechselwirkung AB durchgeführt. Die Ergebnisse zeigt Tabelle 16.

---

[6] Bei Versuchsplänen mit mehr Faktoren (siehe folgende Kapitel) gibt es 3-Faktor- und Mehrfaktor-Wechselwirkungen, die selten signifikant sind und deshalb zur Schätzung der Versuchsstreuung herangezogen werden können.

[7] Beachte die komplementären Größen Sicherheitsniveau 1-α und Signifikanzniveau α.

Ein Hinweis: In diesem Beispiel wurde die Versuchsstreuung als bekannt vorausgesetzt. In der Praxis wird diese aus vermeintlich nicht signifikanten Wechselwirkungen geschätzt (siehe folgende Kapitel). Falls es wirtschaftlich vertretbar ist, werden Versuchspläne beispielsweise doppelt ausgeführt. In diesen Fällen hat man für jede Niveaukombination zwei Versuche, deren Ergebnisse zu einer Schätzung des Versuchsfehlers herangezogen werden (siehe Kapitel 4.2).

In der Arithmetik der Varianzanalyse spielen die mittleren Quadrate der Abweichungen zwischen den Gruppenmittelwerten und dem Großmittel eine wichtige Rolle. Wie von der Berechnung der Varianz einer Stichprobe bekannt, geht dabei ein Freiheitsgrad „verloren". In diesem Fall der ANOVA mit nur zwei Gruppen führt dies dazu, dass wie gezeigt die mittleren Quadrate MS_I gleich den Quadratsummen SS_I sind, weil der Freiheitsgrad $f_I = 1$ ist. Die mittleren Quadrate MS_R zur Fehlerschätzung berechnen sich aus der Summe der Abweichungsquadrate der herangezogenen Werte, dividiert durch deren Anzahl.

Faktor	Wirkung Produktmenge [kg/h]	$SS_I=MS_I$	$F=MS_I/MS_R$	p-Wert	F-Test-Ergebnis
A	3,0	9,0	22,50	0,0090	signifikant
B	9,0	81,0	202,50	0,0001	signifikant
AB	-1,0	1,0	2,50	0,1890	

Tabelle 16: Varianzanalyse zu den Daten aus Tabelle 8: a) F-Werte mit F-Grenzwert vergleichen oder b) p-Werte mit $\alpha = 0,05$ vergleichen

Als Ergebnis dieser Varianzanalyse ist festzuhalten, dass die Hauptwirkungen *A* und *B* als signifikant angesehen werden, die Wechselwirkung *AB* dagegen nicht. Der beobachtete Effekt von *AB* wird auf den Versuchsfehler zurückgeführt.

p-Wert (p-Value)

Noch ein Hinweis: Beim F-Test wird die Signifikanz einer Wirkung wie beschrieben damit bestätigt, dass der entsprechende F-Wert eines Faktors größer ist als der Grenzwert der F-Verteilung. In vielen Publikationen und Softwarepaketen zu DoE wird das Testergebnis anhand des so genannten p-Wertes festgestellt. Der p-Wert ist die Fläche unter der Wahrscheinlichkeitsdichtefunktion der F-Verteilung, die rechts des jeweiligen F-Wertes einer Wirkung liegt. Die Regel lautet: Ist der p-Wert einer Wirkung kleiner als die für den Test angesetzte Irrtumswahrscheinlichkeit α, so wird die Wirkung als signifikant bestätigt. In den Beispielen dieses Buches wird - wie in der Praxis sehr häufig - mit $\alpha = 0,05$ gearbeitet. Das heißt, eine Wirkung wird dann als signifikant angesehen, wenn $p < 0,05$ ist.

In manchen Softwarepaketen wird statt dem F-Test mit einem t-Test gearbeitet[8]. Die Vorgehensweise ist prinzipiell dieselbe.

---

[8] Für mehr Informationen zum t-Test, F-Test, ANOVA und Freiheitsgraden siehe beispielsweise Elser, Thomas: Statistik für die Praxis.

2.3 Versuchsplanauswertung: Die Vorhersagefunktion - das mathematische Modell

Die Herleitung der Formeln zur Berechnung von Wirkungen und Wechselwirkungen sowie zur Beurteilung deren Signifikanz wurde anhand eines 2^2-Versuchsplans in den vorangegangenen Kapiteln ausführlich erläutert. Im nächsten Schritt wird nun gezeigt, wie anhand dieser Ergebnisse eine Funktionsgleichung $y = f(A, B, AB)$ aufzustellen ist. Mit Hilfe dieser lässt sich dann für beliebige Kombinationen der Einstellwerte der Faktoren (zwischen den Niveaus) die Zielgröße y berechnen. Damit steht ein lineares mathematisches Modell zur Verfügung, um den untersuchten Prozess oder das betrachtete System zu beschreiben, um es dann auf einen gewünschten Arbeitspunkt hin einstellen zu können.

Die bisher behandelten Versuchspläne arbeiten mit zwei Stufen für jeden Faktor. Bei diesen Versuchsplänen erster 1. Ordnung hängt die Zielgröße y linear von jedem Faktor ab.

Zunächst sei nochmals das Wesen der Wechselwirkung erläutert: Bei niedrigem Niveau des Faktors ist die Wechselwirkung von der Wirkung abzuziehen, bei hohem Niveau zu addieren. Bei negativen Wechselwirkungen kehrt sich dieser Sinn natürlich durch den Zahlenwert um. Die folgenden Formeln und Grafiken gelten aber allgemein, also für negative und für positive Wechselwirkungen.

Für das Rechnen im Versuchsplan werden nun beispielhaft vier Szenarien betrachtet, um zu zeigen, wie die Funktionsgleichung zum Rechnen mit beliebigen Niveaukombinationen im Versuchsraum entsteht[9]. Die Funktionsgleichung wird auch manchmal als Vorhersagegleichung (*Predictive Equation*) bezeichnet. Treffender sind die ebenfalls gängigen Bezeichnungen „Vorhersagefunktion" und „Zielfunktion".

1. Szenario: Rechnen von Ecke zu Ecke (Abbildung 18)

Hierbei müssen die Hauptwirkungen voll angesetzt und die Wechselwirkung addiert bzw. subtrahiert werden.

$(g) + B - AB = 70 + 9 - (-1) = 80 = b$ B wird bei niedrigem Niveau von A gesteigert
$a + B + AB = 74 + 9 + (-1) = 82 = ab$ B wird bei hohem Niveau von A gesteigert
$(g) + A - AB = 70 + 3 - (-1) = 74 = a$ A wird bei niedrigem Niveau von B gesteigert
$b + A + AB = 80 + 3 + (-1) = 82 = ab$ A wird bei hohem Niveau von B gesteigert

---

[9] In Anlehnung an Engelmann, H.-D., Erdmann H.-H., Simmrock, K.H.: Planen und Auswerten von Versuchen

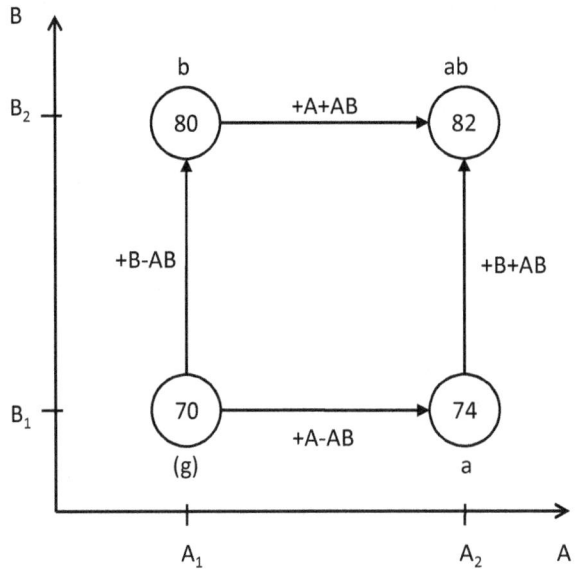

Abbildung 18: Im Versuchsplan rechnen: Von Ecke zu Ecke

2. Szenario: Rechnen von der Ecke zur Mitte (Abbildung 19)

Hierbei müssen die Hauptwirkungen jeweils zur Hälfte angesetzt werden und die Wechselwirkung addiert bzw. subtrahiert werden.

Beachte: Falls Faktoren auf mittlerem Niveau des anderen Faktors erhöht werden, ist keine Wechselwirkung anzusetzen (siehe jeweils 2. Schritt in diesem Beispiel).

1. Schritt: B wird bei niedrigem Niveau von A um 50 % gesteigert:

$$(g) + \frac{B}{2} - \frac{AB}{2} = 70 + \frac{9}{2} - \frac{-1}{2} = 75$$

2 Schritt: B wird bei mittlerem Niveau von A um 50 % gesteigert

$$75 + \frac{A}{2} = 75 + \frac{3}{2} = 76{,}5 = \bar{y}$$

Alternativ dazu kann man auch die gestrichelten Wege in Abbildung 19 gehen:

1. Schritt: A wird bei <u>niedrigem</u> Niveau von <u>B</u> um 50 % gesteigert

$$(g) + \frac{A}{2} - \frac{AB}{2} = 70 + \frac{3}{2} - \frac{-1}{2} = 72$$

2. Schritt: B wird bei <u>mittlerem</u> Niveau von <u>A</u> um 50 % gesteigert

$$72 + \frac{B}{2} = 72 + \frac{9}{2} = 76{,}5 = \bar{y}$$

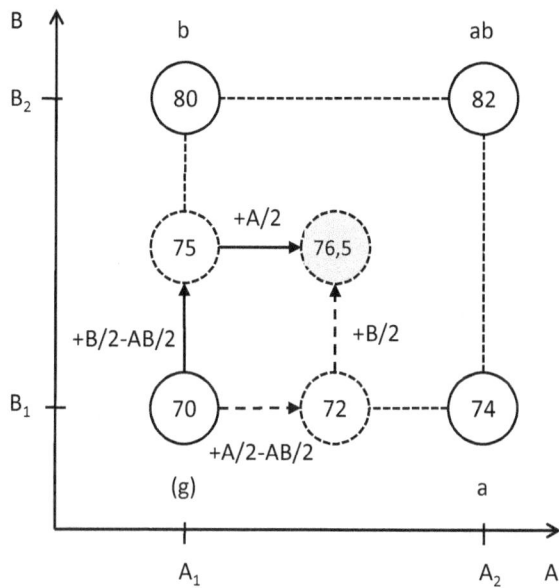

Abbildung 19: Im Versuchsplan rechnen: Von der Ecke zur Mitte

Sie sehen, dass man über beide Wege zur Mitte $\bar{y} = 76{,}5$ des Versuchsplans kommt. Diese Mitte entspricht dem arithmetischen Mittel der Zielgrößen aus den vier Versuchen:

$$\bar{y} = \frac{(g) + a + b + ab}{4} = \frac{70 + 74 + 80 + 82}{4} = 76{,}5$$

3. Szenario: Rechnen von der Mitte zur Ecke (Abbildung 20)

Die Hauptwirkungen müssen wieder jeweils zur Hälfte angesetzt werden und die Wechselwirkung addiert bzw. subtrahiert werden.

1. Schritt: <u>B</u> wird bei <u>mittlerem</u> Niveau von <u>A</u> um 50 % gesteigert: $\bar{y} + \frac{B}{2} = 76{,}5 + \frac{9}{2} = 81$

2 Schritt: <u>A</u> wird bei <u>hohem</u> Niveau von <u>B</u> um 50 % gesteigert: $81 + \frac{A}{2} + \frac{AB}{2} = 81 + \frac{3}{2} + \frac{-1}{2} = 82 = ab$

Oder über gestrichelte Wege in Abbildung 20:

1. Schritt: <u>A</u> wird bei <u>mittlerem</u> Niveau von <u>B</u> um 50 % gesteigert: $\bar{y} + \frac{A}{2} = 76{,}5 + \frac{3}{2} = 78$

2 Schritt: <u>B</u> wird bei <u>hohem</u> Niveau von <u>A</u> um 50 % gesteigert: $78 + \frac{B}{2} + \frac{AB}{2} = 78 + \frac{9}{2} + \frac{-1}{2} = 82 = ab$

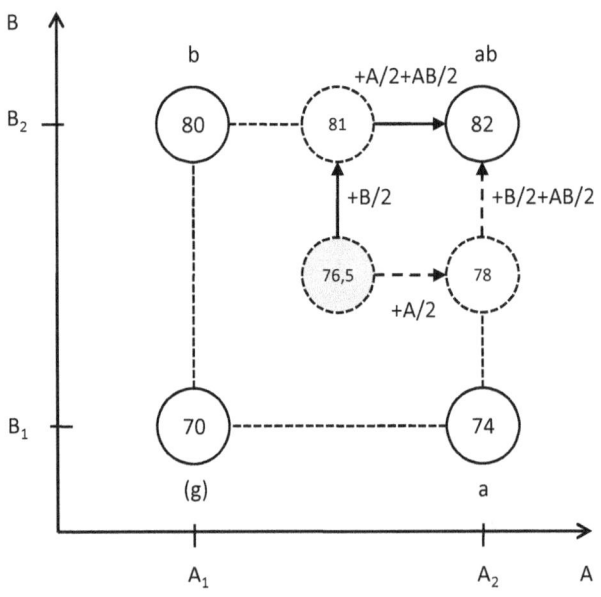

Abbildung 20: Im Versuchsplan rechnen: Von der Mitte zur Ecke

4. Szenario: Rechnen von der Mitte zu beliebigen Zwischenwerten von A und B (Abbildung 21)

Mit diesem Fall ist das Ziel schon fast erreicht, um mit beliebigen Werten der Eingangsgrößen rechnen zu können. Jetzt wird angenommen, dass beide Faktoren gleichzeitig auf Niveaus eingestellt werden, die zwischen deren Mittelwerten und deren Maximalwerten liegen.

Die Werte für die anteiligen Erhöhungen der Niveaus seien $x_A = 0{,}3$ und $x_B = 0{,}2$.

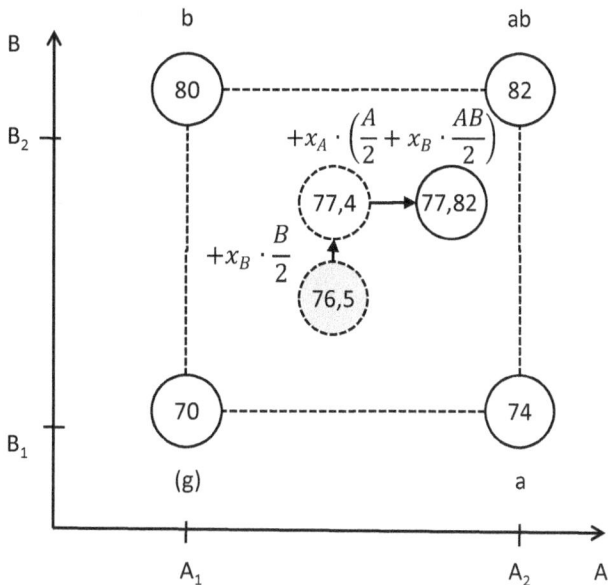

Abbildung 21: Im Versuchsplan rechnen: Von der Mitte zu beliebigen Punkten

Von der Versuchsplanmitte wird entsprechend Abbildung 21 zunächst in Richtung des Faktors B gerechnet, allerdings nicht bis zum hohen Niveau von B, sondern nur anteilig entsprechend x_B:

$$x_B \cdot \frac{B}{2} = 0{,}2 \cdot \frac{9}{2} = 0{,}9$$

$$y = \bar{y} + x_B \cdot \frac{B}{2} = 76{,}5 + 0{,}9 = 77{,}4$$

Von dort aus anzusetzen ist die Wirkung des Faktors A auf dem Niveau entsprechend x_B. Das bedeutet, dass die Wechselwirkung *AB* nur anteilig entsprechend x_B anzusetzen ist:

$$\frac{A}{2} + x_B \cdot \frac{AB}{2}$$

Dies wäre die Wirkung von A, wenn bis zum Ende des Versuchsraumes (hohes Niveau von *A)* gerechnet würde.

Tatsächlich soll aber hier nur bis zur Wirkung von A entsprechend x_A gerechnet werden. Es muss somit geschrieben werden:

$$x_A \cdot \left(\frac{A}{2} + x_B \cdot \frac{AB}{2}\right) = 0{,}3 \cdot \left(\frac{3}{2} + 0{,}2 \cdot \frac{-1}{2}\right) = 0{,}42$$

Mit diesen Zwischenergebnissen kann jetzt von der Versuchsmitte aus gerechnet werden:

$$y = 76{,}5 \;+\; 0{,}9 \;+\; 0{,}42 \;=\; 77{,}82$$

Oder in Buchstaben: $\quad y = \bar{y} + x_B \cdot \frac{B}{2} + x_A \cdot \left(\frac{A}{2} + x_B \cdot \frac{AB}{2}\right)$

Etwas umgestellt ergibt sich daraus die Vorhersagefunktion (Zielfunktion) des 2^2-Versuchsplans:

$$y = \bar{y} + \frac{A}{2} x_A + \frac{B}{2} x_B + \frac{AB}{2} x_A x_B$$

2.3.1 Normierte Darstellung der Vorhersagefunktion

Die Vorhersagefunktion lässt sich noch etwas „handlicher" darstellen, indem man die Koeffizienten b_0 bis b_3 einführt. Mit $b_0 = \bar{y}$, $b_1 = \frac{A}{2}$, $b_2 = \frac{B}{2}$ und $b_3 = \frac{AB}{2}$ erhält man die Funktion:

$$y = b_0 + b_1 x_A + b_2 x_B + b_3 x_A x_B$$

Softwareprodukte für DoE und die in den folgenden Kapiteln abgedruckten Tabellen weisen oft zusätzlich zu den Wirkungen die Koeffizienten der Vorhersagefunktion aus.

Beim Rechnen im Versuchsplan hat sich bewährt, die genannten Interpolationsfaktoren x_A und x_B so zu wählen, dass sie Werte zwischen -1 und 1 annehmen:

$$1 \leq x_A \leq 1$$
$$1 \leq x_B \leq 1$$

Hierzu wird ein Koordinatensystem entsprechend Abbildung 22 eingeführt, dessen Ursprung in der Mitte des Versuchsplanes liegt. Beide Achsen haben denselben dimensionslosen Maßstab; der Versuchsraum ist also durch ein Quadrat darstellbar.

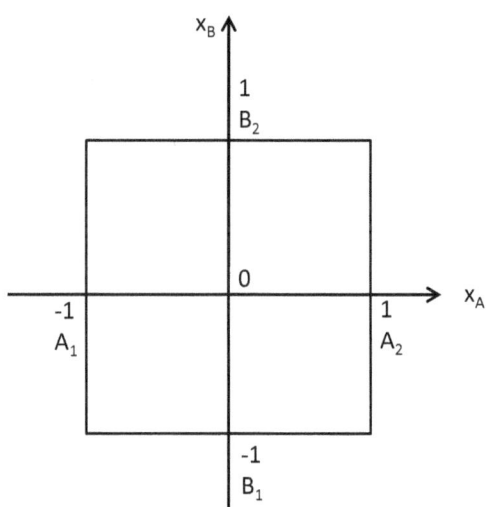

Abbildung 22: Normiertes Koordinatensystem für den Versuchsraum

Die Arithmetik für die Interpolationsfaktoren lautet wie folgt:

$$x_A = \frac{A^* - \frac{1}{2}(A_2 + A_1)}{\frac{1}{2}(A_2 - A_1)} \qquad x_B = \frac{B^* - \frac{1}{2}(B_2 + B_1)}{\frac{1}{2}(B_2 - B_1)}$$

In diesen Formeln sind A*und B* die Niveaus, für die die Zielgröße berechnet werden soll. A_1, B_1 und A_2, B_2 sind die Werte der niedrigen bzw. hohen Niveaus der beiden Faktoren.

Die Vorhersagefunktion soll nun überprüft werden (Zahlenwerte entsprechend Tabelle 8). Es sei ein Temperaturniveau von $A^* = 136,5\ °C$ und eine Verweildauer von $B^* = 3,6\ h$ eingestellt. Welche Produktmenge y ist zu erwarten?

Für die normierten Größen ergibt sich:

$$x_A = \frac{A^* - \frac{1}{2}(A_2 + A_1)}{\frac{1}{2}(A_2 - A_1)} = \frac{136,5 - \frac{1}{2}(140 + 130)}{\frac{1}{2}(140 - 130)} = 0,3$$

und

$$x_B = \frac{B^* - \frac{1}{2}(B_2 + B_1)}{\frac{1}{2}(B_2 - B_1)} = \frac{3,6 - \frac{1}{2}(4 + 3)}{\frac{1}{2}(4 - 3)} = 0,2$$

Eingesetzt in die Vorhersagefunktion ergibt:

$$y = \bar{y} + \frac{A}{2}x_A + \frac{B}{2}x_B + \frac{AB}{2}x_A x_B = 76,5 + \frac{3}{2} \cdot 0,3 + \frac{9}{2} \cdot 0,2 + \frac{-1}{2} \cdot 0,3 \cdot 0,2 = 77,82$$

Das Ergebnis entspricht dem Wert, der bei der schrittweisen Herleitung der Vorhersagefunktion als Szenario 4 im vorherigen Kapitel beschrieben wurde.

Ein weiteres Beispiel soll die Konsistenz des Systems nochmals bestätigen. Zu berechnen ist die Zielgröße y, die sich ergibt, wenn beide Faktoren auf hohem Niveau sind. In diesem Fall ergibt sich mit $x_A = x_B = 1$:

$$y = \bar{y} + \frac{A}{2} + \frac{B}{2} + \frac{AB}{2} = 76,5 + \frac{3}{2} + \frac{9}{2} + \frac{-1}{2} = 82$$

Dieser Wert entspricht der Zielgröße des Versuches ab – das Rechenmodell ist also bisher widerspruchsfrei.

Da die Varianzanalyse für die Beispieldaten (Tabelle 8) ergab, dass zwar die Wirkungen A und B, nicht aber die Wechselwirkung AB signifikant sind (Tabelle 16), muss die Vorhersagefunktion entsprechend angepasst werden: Dies geschieht dadurch, dass die Wirkungswerte der nicht signifikanten Wirkungen auf 0 gesetzt werden.

Mit $AB = 0$ entfällt das Glied $\frac{AB}{2}x_A x_B$ und man erhält folgende Vorhersagefunktion:

$$y = b_0 + b_1 x_A + b_2 x_B$$

Mit den Faktorwerten $A^* = 136{,}5\ °C$ und $B^* = 3{,}6\ h$ bzw. $x_A = 0{,}3$ und $x_B = 0{,}2$ erhält man als Zielgröße:

$$y = \left(76{,}5 + \frac{3}{2} \cdot 0{,}3 + \frac{9}{2} \cdot 0{,}2\right) kg/h = 77{,}85\ kg/h$$

Die Darstellung der Versuchsergebnisse (Zielgrößen) als Eckpunkte eines Quadrats (siehe beispielsweise Abbildung 21) ist etwas irreführend. Entsprechend Abbildung 23 wird deutlich: Die Grafik zur Darstellung des physikalischen Versuchsraums ist durch die Maßstäbe der (physikalischen) Faktorniveaus festgelegt. Der so genannte normierte Versuchsraum hat für beide Achsen denselben Maßstab und ist deshalb als Quadrat darstellbar.

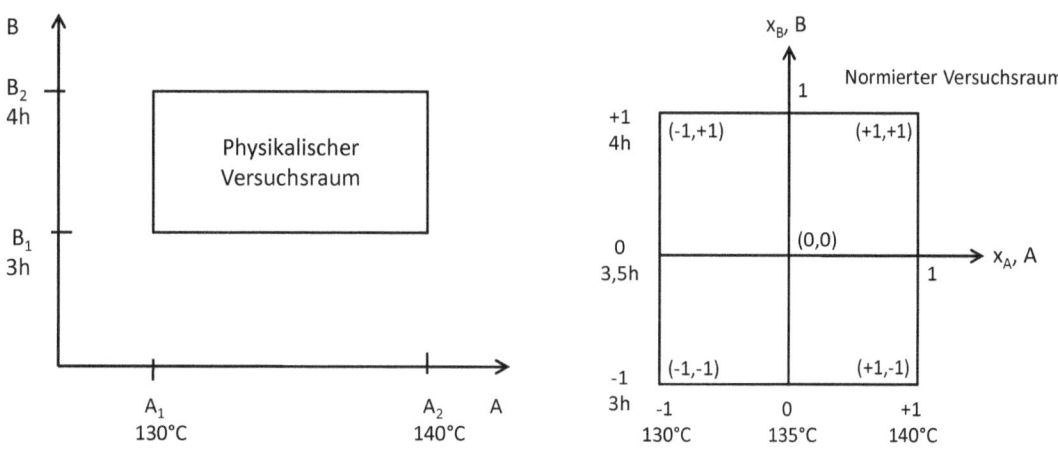

Abbildung 23: Der Zusammenhang zwischen physikalischem und normiertem Versuchsraum

Bedingt durch den linearen Ansatz der Vorhersagefunktion bei Versuchsplänen 1. Ordnung (Faktoren werden auf zwei Stufen eingestellt) können sich Maxima und Minima der Zielgröße nur an den Eckpunkten des Versuchsraumes befinden. Wie eingangs schon erwähnt, werden Optima von Prozessen – oft aus wirtschaftlichen Überlegungen heraus – an beliebigen Stellen im Versuchsraum liegen.

Die Ergebnisse dieses und der vorangegangenen Kapitel sind in Kapitel 2.5 in Form eines Rechenschemas für vollfaktorielle 2^2-Versuchspläne kompakt dargestellt. Beispielhafte Realisierungen der Formeln mit der Tabellenkalkulation Microsoft Excel® und OpenOffice Calc® stehen zum Download bereit (siehe Kapitel 9). Damit lässt sich durch Eingabe der vier Versuchsergebnisse y und der zugehörigen Faktorniveaus mit dem 2^2-Versuchsplan „spielen". Berechnet werden die Wirkungen und die Koeffizienten der Vorhersagefunktion sowie die
F-Werte für die Varianzanalyse. Die Wirkungen und die Wechselwirkung werden grafisch dargestellt. Für „beliebige" Einstellwerte der Faktoren können die zu erwartenden Zielgrößen berechnet werden.

Alternativ dazu gibt es Statistik-Software mit DoE-Funktionalität und ganz spezielle DOE-Software. Viele davon sind in deutscher Sprache verfügbar. Oft werden auch zeitlich begrenzte Testversionen angeboten (siehe Kapitel 10).

Für mathematisch Interessierte:

Bei der Vorhersagefunktion handelt es sich um eine lineare Funktion mit zwei unabhängigen Variablen x_A und x_B. Die halben Wirkungen *A, B* und *AB* sind die Koeffizienten dieser Funktion. Entwickelt wurde die Funktion wie gezeigt aus den Daten der vier Versuche. Mathematisch gesprochen wurde eine zweifache lineare Regression von x_A und x_B auf die Zielgröße *y* durchgeführt. Die erhaltene Zielfunktion beschreibt eine Ebene, die Regressionsebene. Damit lässt sich nun näherungsweise für beliebige Faktorkombinationen die sich ergebende Zielgröße auf der Regressionsebene berechnen. Selbstverständlich wird diese Näherung bei nur vier Versuchen sehr grob sein.[10]

---

[10] Wie „gut" die Zielfunktion die Realität abbildet, sollte anhand einer Residuenanalyse festgestellt werden. Siehe dazu auch Kleppmann, Wilhelm: Taschenbuch Versuchsplanung.

2.3.2 Verdeckte Wirkungen

Im vorigen Kapitel wurde am Beispiel eines 2^2-Versuchsplans gezeigt, wie aus den Versuchsergebnissen die Vorhersagefunktion aufgestellt werden kann. Dabei wurde von einem linearen Zusammenhang zwischen den untersuchten Faktoren und der Zielgröße innerhalb des Versuchsraums ausgegangen. Dies muss aber nicht in jedem Fall so sein. Vielmehr gibt es auch nicht lineare Zusammenhänge zwischen Faktoren und Zielgrößen. In diesem Kapitel wird diese Problematik anhand eines Beispiels aufgezeigt: So genannte verdeckte Wirkungen bergen das Risiko von Fehlinterpretationen der Versuchsergebnisse. Wie man verdeckte Wirkungen erkennt und wie man damit umgeht, wird im Folgenden erläutert.

Beispiel: Ausbeute einer chemischen Reaktion

Bei der Synthese eines chemischen Produkts soll anhand eines 2^2-Versuchsplans der Einfluss der Temperatur A und des Drucks B auf die Ausbeute[11] untersucht werden.

Die Niveaus der Faktoren und die Versuchsergebnisse zeigen Tabelle 17 bzw. Tabelle 18.

Zielgröße: Ausbeute [%]			Niveauwerte	
Faktor	Maßeinheit	Art des Faktors	niedrig	hoch
A	Temperatur	°C	quantitativ	100	140
B	Druck	bar	quantitativ	1,5	2,5

Tabelle 17: Niveaus des 2^2-Versuchsplans „Ausbeute"

Druck B		Temperatur A			
		100	(-1)	140	(+1)
1,5	(-1)	(g)	79,62	a	77,48
2,5	(+1)	b	74,64	ab	79,64

Tabelle 18: Versuchsergebnisse des 2^2-Versuchsplans „Ausbeute"

Zur Erstellung des Wirkungsdiagramms werden nun nach den Formeln aus Tabelle 9 die Mittelwerte der Versuchsergebnisse berechnet, bei denen die Faktoren jeweils auf hohem und niedrigem Niveau eingestellt waren. Die Zahlenwerte zeigt Tabelle 19.

---

[11] Als Ausbeute wird in der Chemie der Quotient aus der Stoffmenge des erzielten Produkts und der theoretisch maximal (ohne jegliche Verluste) zu gewinnenden Stoffmenge bezeichnet.

Faktor-Niveau	Mittlere Wirkung	
	A	B
	Temperatur	Druck
niedrig	77,13	78,55
hoch	78,56	77,14

Tabelle 19: Die mittleren Wirkungen von A und B (Ausbeuten in %)

Damit lassen sich nun die Diagramme entsprechend Abbildung 24 erstellen. Die Eckpunkte für das Wechselwirkungsdiagramm ergeben sich, wie schon gezeigt, direkt aus den Versuchsergebnissen.

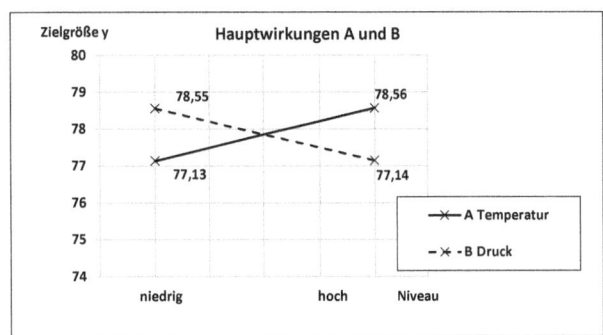
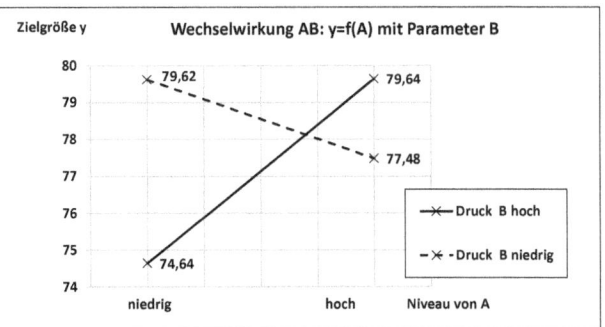

Abbildung 24: Wirkungsdiagramme des 2^2-Versuchsplans „Ausbeute"

Anhand der grafischen Darstellungen lässt sich leicht erkennen, dass sich die Faktoren gegenseitig beeinflussen. Dies ist an sich nichts Besonderes und wurde anhand voriger Beispiele schon gezeigt. Interessant ist aber hierbei die zahlenmäßige Betrachtung der Wirkungen und der Wechselwirkung.

Die Berechnung der Wirkungen ergibt:

Temperatur A: $\frac{1}{2}(-(g) + a - b + ab) = \frac{1}{2}(-79{,}62 + 77{,}48 - 74{,}64 + 79{,}64) = +1{,}43\,\%$

Druck B: $\frac{1}{2}(-(g) - a + b + ab) = \frac{1}{2}(-79{,}62 - 77{,}48 + 74{,}64 + 79{,}64) = -1{,}41\,\%$

Für die Wechselwirkung zwischen Temperatur und Druck gilt:

Wechselwirkung AB: $\frac{1}{2}(+(g) - a - b + ab) = \frac{1}{2}(+79{,}62 - 77{,}48 - 74{,}64 + 79{,}64) = +3{,}75\,\%$

Auffällig ist hier die ordinale Wechselwirkung AB. Sie ist sehr viel stärker als die Hauptwirkungen A und B. Würde man die Wechselwirkung als Schätzwert für die Versuchsstreuung heranziehen, so würden die beiden Hauptwirkungen beim F-Test als nicht signifikant angesehen. Dies wäre aber eine gewagte - und in diesem Fall eine falsche - Interpretation.

Wahrscheinlicher ist daher, dass die Nichtsignifikanz der Hauptwirkungen nur „vorgetäuscht" wurde. Es wurde ja bisher angenommen, dass die Faktoren innerhalb des Versuchsraumes linear auf die Zielgröße wirken. Falls diese aber entsprechend Abbildung 25 wirken würden, hätte man es mit so genannten verdeckten Wirkungen A und B zu tun. In diesem fiktiven Beispiel würde die Zielgröße bei niedrigem Druck und einer Temperatur von ca. 116 °C die maximale Ausbeute von 81 % ergeben.

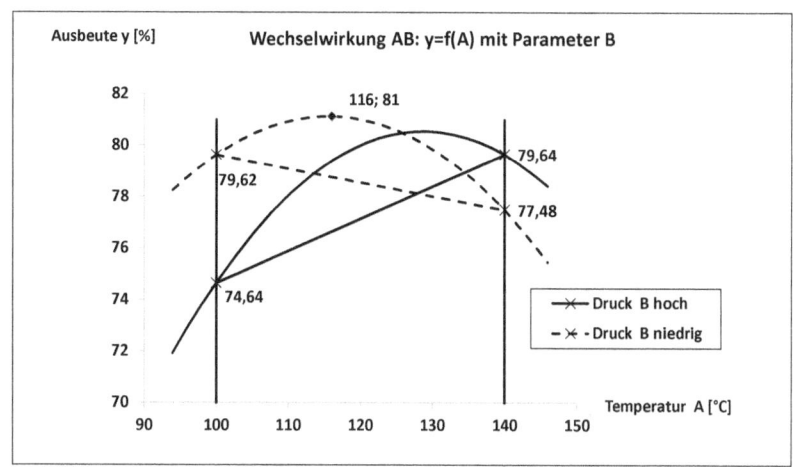

Abbildung 25: Verdeckte Wirkungen

Wie leicht einzusehen ist, würden Wiederholungsversuche mit den Faktorstufen niedrig und hoch keine Informationen über die Lage des Maximums liefern. Vielmehr müssen zusätzliche Versuche mit anderen Einstellungen gefahren werden. Eine bewährte Vorgehensweise ist dabei, den bisherigen Versuchsplan um einen oder mehrere „Zentralversuche" (oder „Zentrumsversuche") zu erweitern.

Die Zentralversuche, die in der Regel mehrfach ausgeführt werden, haben eine hohe Aussagekraft bezüglich des Maßes der Nichtlinearität. Gebildet wird der Unterschied zwischen dem Mittelwert der Zentralversuche und dem Mittelwert der restlichen Versuche. Diese Differenz ist ein Maß für die Abweichung von der Linearität. Sie wird als *Lack of Fit* bezeichnet. Die Signifikanz der Abweichung wird durch einen statistischen Test festgestellt.

Abbildung 26 zeigt eine weitere Ergänzung des Versuchsplans durch vier „Sternversuche". Wie man sieht, wurden vier zusätzliche Versuche sternförmig um das Zentrum des Plans gruppiert (so genanntes *Star Design*). Derartige Pläne werden als zentral zusammengesetzte Versuchspläne (*Central Composite Design*) bezeichnet. Der Abstand α vom Versuchszentrum wird entsprechend den physikalischen Gegebenheiten geschickt gewählt. Als Faustregel gilt:

$$\alpha = (Anzahl\ Versuche\ (g), a, b, ab\ ...)^{1/4}$$

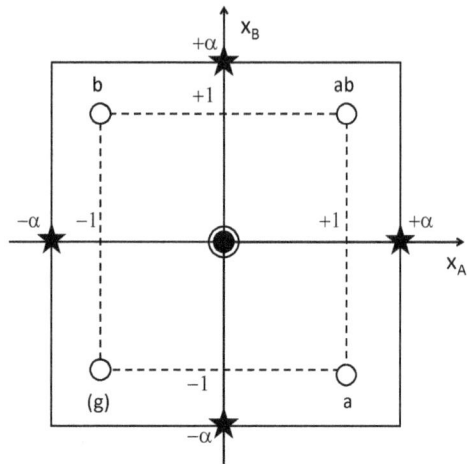

Abbildung 26: Erweiterung des Versuchsplans um Zentralversuche und Sternversuche (Central Composite Design)

Für den vorliegenden Fall kann der Versuchsraum entsprechend Abbildung 27 grafisch dargestellt werden. Die einzustellenden acht Niveaus liegen auf einem Kreis im normierten Abstand $\sqrt{2}$ um den Zentralversuch. Man spricht dabei von einem drehbaren Versuchsdesign (*Central Composite Rotatable Design*).

Drehbarkeit heißt in diesem Zusammenhang, dass bei gleichmäßiger „Drehung" der Versuchsniveaus auf dem Kreis die entstehenden Versuchsergebnisse immer denselben Informationsgehalt aufweisen. Die Abstände der Versuchsniveaus und die Versuchsraumgrenzen bleiben ja dieselben.

Im vorliegenden Beispiel wird die Drehbarkeit mit $\alpha = (4)^{1/4} = \sqrt[2]{2} \approx 1{,}432$ sichergestellt.

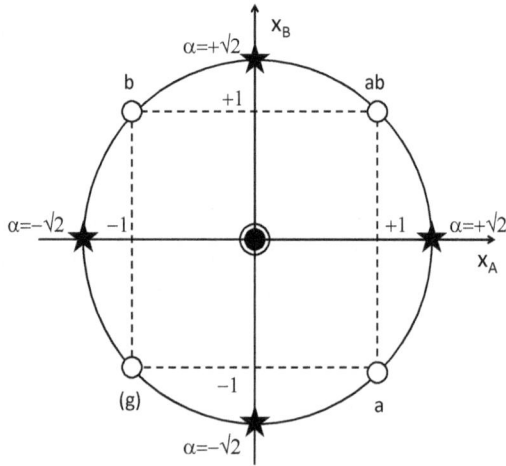

Abbildung 27: Drehbares Versuchsdesign (Central Composite Rotatable Design)

Nicht in jedem Fall ist es aus physikalischen oder technischen Gründen möglich, α nach dieser Regel einzustellen. Bei einem Faktor Temperatur beispielsweise könnte eine Einstellung oberhalb des normierten Wertes 1 (hohes Niveaus) Wertes nicht möglich sein, weil dann eine ungewollte chemische Reaktion einsetzen würde oder die Anlage bei höheren Temperaturen Schaden nehmen würde. Bei qualitativen Faktoren scheiden Sternversuche aus offensichtlichen Gründen aus.

Fazit: Die formelmäßige Bestimmung von α für die Sternversuche ist nur ein Anhaltspunkt für ein drehbares Versuchsdesign. In der Praxis werden oft für jeden Faktor individuelle α notwendig. Dies kann durch physikalisch/technische Gegebenheiten oder durch wirtschaftliche Gründe bedingt sein.

Der Versuchsraum wird also durch die zusätzlichen Sternversuche um den Faktor $\sqrt{2}$ erweitert. Das bedeutet, dass die Niveaus der Sternversuche die bisherigen Faktorstufen über- bzw. unterschreiten. Für das vorliegende Beispiel sind das 28,3 °C für die Temperatur A und für den Druck B dann entsprechend ca. 0,7 bar. Wie genau die in Tabelle 20 angegebenen Werte eingestellt werden können, ist von den anlagentechnischen Gegebenheiten abhängig.

	Faktorversuche		Zentralversuch(e)	Sternversuche	
	Niedrig (-1)	Hoch ($+1$)		Niedrig ($-\alpha$)	Hoch ($+\alpha$)
Temperatur A [°C]	100	140	120,0	71,7	168,3
Druck B [bar]	1,5	2,5	2,0	0,8	3,2

Tabelle 20: Die Niveaus für das Central Composite Rotatable Design des Beispiels „Ausbeute"

Der Versuchsplan, ergänzt durch Stern- und Zentralversuche, könnte dann wie in Tabelle 21 dargestellt aussehen[12].

Mit den Ergebnissen der Sternversuche kann nun die Vorhersagefunktion für die Zielgröße ermittelt werden, die neben den linearen auch quadratische Glieder enthält. Der vollständige quadratische Ansatz für zwei Variablen hätte dann die Form (Versuchsplan 2. Ordnung; quadratisches Modell):

$$y = b_0 + b_1 x_A + b_2 x_B + b_3 x_A^2 + b_4 x_B^2 + b_5 x_A x_B$$

Abschließend lässt sich als Regel für das Erkennen von verdeckten Wirkungen formulieren: Erscheint eine Wechselwirkung als signifikant und die dazugehörigen Hauptwirkungen nicht, so muss mit verdeckten Wirkungen gerechnet werden und es müssen oben erwähnte Maßnahmen ergriffen werden.

---

[12] Die Versuche Nr. 1 bis 4 werden zur Unterscheidung von Zentral- und Sternversuchen manchmal als Faktorversuche bezeichnet.

Nr.	Versuchs-Bezeichnung	Faktor-Niveau A	B
1	(g)	−	−
2	a	+	−
3	b	−	+
4	ab	+	+
5	Zentralversuch	0	0
6	Zentralversuch	0	0
7	Stern: $-\alpha\ für\ A$	$-\alpha$	0
8	Stern: $+\alpha\ für\ A$	$+\alpha$	0
9	Stern: $-\alpha\ für\ B$	0	$-\alpha$
10	Stern: $+\alpha\ für\ B$	0	$+\alpha$
11	Zentralversuch	0	0
12	Zentralversuch	0	0

Tabelle 21: Ein Central Composite Rotatable Design für einen 2^2-Versuchsplan. Der Übersichtlichkeit halber sind die Niveaus mit +/- statt mit 1/-1 bezeichnet.

Die im weiteren Verlauf dieses Buches behandelten faktoriellen Versuchspläne und die Arithmetik der Vorhersagefunktionen gehen davon aus, dass die Zielgrößen linear zwischen den Niveaus verlaufen (Versuchspläne 1. Ordnung). In der Praxis ist dies in sehr vielen Fällen deshalb annähernd richtig, weil die Versuchsräume durch geschickte Wahl der Niveaus möglichst klein gehalten werden können.

Für höhere Versuchspläne ergibt sich zwangsläufig ein höherer Aufwand an Rechenarbeit. Hier sei auf professionelle DoE-Software hingewiesen, die neben der Verarbeitung des Zahlenmaterials auch die grafischen Darstellungen der Ergebnisse übernimmt (siehe Kapitel 10).

2.4 2^2-Beispiel „Rautiefe von Drehteilen"

Das im Folgenden durchgerechnete Beispiel zeigt die praktische Vorgehensweise in Schritten. Dabei werden die Überlegungen erläutert, die dann zur Entwicklung eines Rechenschemas im folgenden Kapitel führen. Die sehr einfache Arithmetik lässt sich mit wenig Aufwand mit einem Tabellenkalkulationsprogramm umsetzen[13].

Aufgabe: Rautiefe von Drehteilen

Ein qualitätsbestimmendes Merkmal bei der Fertigung von Bauteilen auf einer Drehmaschine ist die Rautiefe der Oberfläche der gefertigten Werkstücke. Es wird angenommen, dass die eingestellte Schnitttiefe (in mm) und der Vorschub (in mm pro Umdrehung) wesentlich auf die Rautiefe wirken. Aus früheren Versuchen bekannt sei die natürliche Streuung des Prozesses: $MS_R = 0{,}105$ (mit $f_R = 4$). Dem F-Test im Rahmen der Varianzanalyse zur Beurteilung der Signifikanz der Wirkungen soll eine Irrtumswahrscheinlichkeit von 5 % zugrunde gelegt werden. Anhand der Vorhersagefunktion soll berechnet werden, welche Rautiefe zu erwarten ist, wenn die Maschine auf eine Schnitttiefe von 0,8 mm und einen Vorschub von 0,04 mm eingestellt wird.[14]

1. Schritt:	Versuche planen und durchführen

Den Versuchsplan und die Versuchsergebnisse zeigen Tabelle 22 und Tabelle 23:

	Zielgröße: Rautiefe [µm]		Niveauwerte	
Faktor	Maßeinheit	Art des Faktors	niedrig	hoch
A Schnitttiefe	mm	quantitativ	0,5	1
B Vorschub	mm	quantitativ	0,005	0,1

Tabelle 22: Niveaus des 2^2-Versuchsplans „Rautiefe von Drehteilen"

Vorschub B		Schnitttiefe A			
		0,5	-	1	+
0,005	-	(g)	2,8	a	3,5
0,1	+	b	3	ab	5,6

Tabelle 23: Versuchsergebnisse des 2^2-Versuchsplans „Rautiefe von Drehteilen"

---

[13] MS Excel®/OpenOffice Calc®-Dateien zum Download, siehe Kapitel 9.

[14] In Anlehnung an Ament, Ch.: Eine Einführung in die statistische Versuchsplanung.

2. Schritt: Berechnung und grafische Darstellung der Wirkungen und der Wechselwirkung

Die Berechnung der Wirkungen und der Wechselwirkung erfolgt anhand der Formeln in Spalte 1 von Tabelle 24. Zur anschaulichen grafischen Darstellung dienen der *Main Effects Plot* (Hauptwirkungsdiagramm) und der *Interaction Plot* (Wechselwirkungsdiagramm) entsprechend Tabelle 25 und Tabelle 26.

Wirkungen	Koeffizienten der Vorhersagefunktion
	$b_0 = \bar{y} = 3{,}725$
$A = \dfrac{1}{2}(-(g) + a - b + ab) = \dfrac{1}{2}(-2{,}8 + 3{,}5 - 3 + 5{,}6) = 1{,}65$	$b_1 = \dfrac{A}{2} = 0{,}825$
$B = \dfrac{1}{2}(-(g) - a + b + ab) = \dfrac{1}{2}(-2{,}8 - 3{,}5 + 3 + 5{,}6) = 1{,}15$	$b_2 = \dfrac{B}{2} = 0{,}575$
$AB = \dfrac{1}{2}(+(g) - a - b + ab) = \dfrac{1}{2}(+2{,}8 - 3{,}5 - 3 + 5{,}6) = 0{,}95$	$b_3 = \dfrac{AB}{2} = 0{,}475$

Tabelle 24: Berechnung der Wirkungen und der Wechselwirkung des 2^2-Versuchsplans „Rautiefe von Drehteilen"

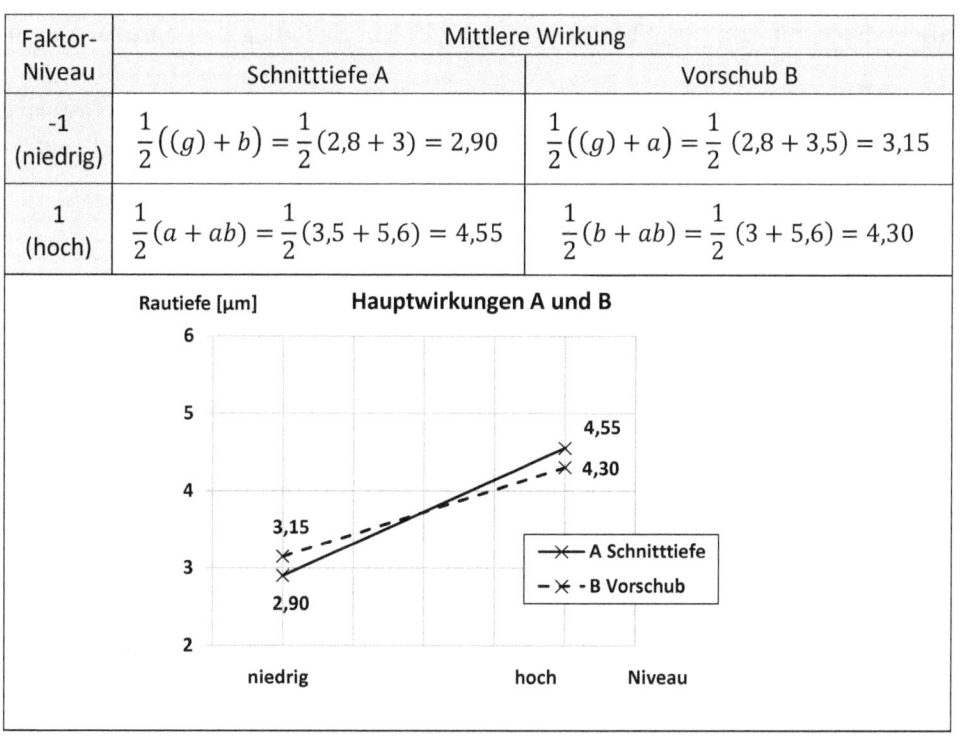

Tabelle 25: Berechnung der Punktepaare und grafische Darstellung der Hauptwirkungen (Main Effects Plot)

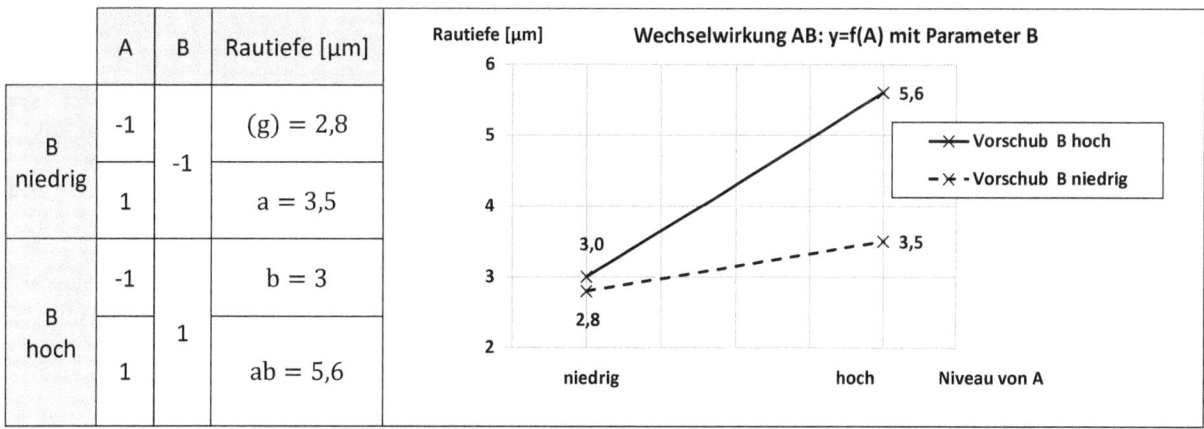

Tabelle 26: Ermittlung der Punktepaare und grafische Darstellung der Wechselwirkung AB (Interaction Plot); y=f(A) mit Parameter B

Anhand des Diagramms in Tabelle 26 ist die starke Wechselwirkung zwischen Vorschub und Schnitttiefe zu erkennen: Die Schnitttiefe A wirkt bei höherem Vorschub B stärker auf die Rautiefe als bei niedrigem Vorschub.

3. Schritt: Prüfung der Signifikanz der Wirkungen und der Wechselwirkung (Varianzanalyse mit F-Test)

Spalte 4 von Tabelle 27 enthält die berechneten F-Werte der Wirkungen, die mit dem Grenzwert der F-Verteilung verglichen werden. Aus der Tabelle der F-Verteilung bzw. aus einem Tabellenkalkulationsprogramm oder Statistiksoftware erhält man:

$$F_{1-\alpha}(1; f_R) = F_{0,95}(1; 4) \approx 7,7$$

Wirkungen	Koeffizienten $b_0 = 3,725$	$MS_I = SS_I$	$F = \dfrac{MS_I}{MS_R}$	Signifikanz
$A = 1,65$	$b_1 = 0,825$	$MS_A = A^2 = 2,7225$	$F_A = \dfrac{A^2}{MS_R} = \dfrac{2,7225}{0,105} \approx 25,9$	Signifikant, weil $F_A > 7,7$
$B = 1,15$	$b_2 = 0,575$	$MS_B = B^2 = 1,3225$	$F_B = \dfrac{B^2}{MS_R} = \dfrac{1,3225}{0,105} \approx 12,6$	Signifikant, weil $F_B > 7,7$
$AB = 0,95$	$b_3 = 0,475$	$MS_{AB} = (AB)^2 = 0,9025$	$F_{AB} = \dfrac{(AB)^2}{MS_R} = \dfrac{0,9025}{0,105} \approx 8,6$	Signifikant, weil $F_{AB} > 7,7$

Alternative: Signifikanzprüfung anhand des p-Wertes ($\alpha = 5\%$):

Wirkungen	Koeffizienten $b_0 = 3,725$	$F = \dfrac{MS_I}{MS_R}$	p-Wert	Signifikanz
$A = 1,65$	$b_1 = 0,825$	25,9	0,007	Signifikant, da $p < \alpha$
$B = 1,15$	$b_2 = 0,575$	12,6	0,024	Signifikant, da $p < \alpha$
$AB = 0,95$	$b_3 = 0,475$	8,6	0,043	Signifikant, da $p < \alpha$

Tabelle 27: F-Test zur Überprüfung der Signifikanz der Wirkungen und der Wechselwirkung des 2^2-Versuchsplans „Rautiefe von Drehteilen"

Signifikant sind in diesem Beispiel die beiden Hauptwirkungen A und B sowie die Wechselwirkung AB, da deren F-Werte alle größer als der Grenzwert $F_{0,95}(1; 4)$ sind.

4. Schritt: Vorhersagefunktion aufstellen

Die Vorhersagefunktion lautet:

$$y = b_0 + b_1 x_A + b_2 x_B + b_3 x_A x_B$$

$$y = 3{,}725 \text{ µm} + 0{,}825 x_A \text{ µm} + 0{,}575 x_B \text{ µm} + 0{,}475 x_A x_B \text{ µm}$$

Die normierten Größen x_A und x_B erhalten für die in der Aufgabenstellung geforderten Niveaus A^* und B^* folgende Werte:

$$x_A = \frac{A^* - \frac{1}{2}(A_2 + A_1)}{\frac{1}{2}(A_2 - A_1)} = \frac{0{,}8 - \frac{1}{2}(1 + 0{,}5)}{\frac{1}{2}(1 - 0{,}5)} = 0{,}20$$

$$x_B = \frac{B^* - \frac{1}{2}(B_2 + B_1)}{\frac{1}{2}(B_2 - B_1)} = \frac{0{,}04 - \frac{1}{2}(0{,}1 + 0{,}005)}{\frac{1}{2}(0{,}1 - 0{,}005)} \approx -0{,}263$$

Als Vorhersagewert ergibt sich:

$$y = 3{,}725 \text{ µm} + 0{,}825 \cdot 0{,}2 \text{ µm} - 0{,}575 \cdot 0{,}263 \text{ µm} - 0{,}475 \cdot 0{,}2 \cdot 0{,}263 \text{ µm} \approx 3{,}7 \text{ µm}$$

Das Ergebnis dieser Beispielaufgabe lautet: Wenn die Maschine auf eine Schnitttiefe von 0,8 mm und einen Vorschub von 0,04 mm pro Umdrehung eingestellt wird, sind Bauteile mit einer Rautiefe von 3,7 µm zu erwarten.

2.5 Rechenschema für den 2^2-Versuchsplan

Im vorigen Kapitel wurde anhand eines Zahlenbeispiels das schrittweise Vorgehen zur Durchführung und Auswertung eines vollfaktoriellen 2^2-Versuchsplans mit vier Versuchen gezeigt. Für die gezeigten vier Schritte wird im Folgenden ein allgemeines Rechenschema entwickelt. Dieses kann leicht mit einem Tabellenkalkulationsprogramm realisiert werden. Anhand dieses einfachen Versuchsplans empfiehlt es sich dann zu „spielen", um die Zusammenhänge besser zu begreifen[15]. Das Rechenschema wird dann in den folgenden Kapiteln weiter ausgebaut in Richtung von Versuchsplänen mit mehr als zwei Faktoren. Letztere bestimmen ja die Praxis von DoE. Ihr Aufbau beruht aber prinzipiell auf dem bisher gezeigten.[16]

1. Schritt: Versuche planen und durchführen

Die Niveaukombinationen für die vier durchzuführenden Versuche zeigt Tabelle 28. Die letzte Spalte ist für das Eintragen der Versuchsergebnisse vorgesehen.

Versuch	Faktor-Niveau		Zielgröße y
	A	B	
(g)	-1	-1	$y_{(g)}$
a	1	-1	y_a
b	-1	1	y_b
ab	1	1	y_{ab}

Tabelle 28: Schema des vollfaktoriellen 2^2-Versuchsplans

Wie schon gesagt kommt der Festlegung der Niveaus der Faktoren große Bedeutung zu. Oft sieht sich der Versuchsplaner in einem Dilemma: Einerseits hat er die Aufgabe, aus möglichst wenigen (kostengünstigen) Versuchen maximale Informationen über den zu untersuchenden Prozess oder das betrachtete System zu liefern. Andererseits aber unterliegt er dem Zwang, physikalische, technische und/oder wirtschaftliche Vorgaben einhalten zu müssen. Eine pauschale Empfehlung für die Festlegung der Niveaus kann also hier nicht gegeben werden.

---

[15] MS Excel®/OpenOffice Calc®-Dateien zum Download, siehe Kapitel 9.

[16] In den bisherigen Betrachtungen wurden so genannte vollfaktorielle Versuchspläne besprochen. Das heißt, alle Faktorkombinationen wurden berücksichtigt. Dass es in der Praxis bei mehr als zwei Faktoren oft notwendig ist, auf teilfaktorielle Pläne auszuweichen, wird in Kapitel 5 behandelt.

2. Schritt: Berechnung und grafische Darstellung der Wirkungen und der Wechselwirkung

Die Berechnung der Wirkungen und der Wechselwirkung erfolgt anhand der Formeln in Spalte 1 von Tabelle 31. Zur anschaulichen grafischen Darstellung dienen die *Main Effects Plots* (Hauptwirkungen) und die *Interaction Plots* (Wechselwirkungen), deren Wertepaare entsprechend Tabelle 29 bzw. Tabelle 30 ermittelt werden.

Faktor-Niveau	Mittlere Wirkungen	
	A	B
-1 (niedrig)	$\frac{1}{2}((g) + b)$	$\frac{1}{2}((g) + a)$
1 (hoch)	$\frac{1}{2}(a + ab)$	$\frac{1}{2}(b + ab)$

Tabelle 29: Berechnung der Punktepaare für die grafische Darstellung der Hauptwirkungen

	Faktorniveaus		y
	A	B	
B niedrig	-1	-1	(g)
	1	-1	a
B hoch	-1	1	b
	1	1	ab

Tabelle 30: Ermittlung der Punktepaare für die grafische Darstellung der Wechselwirkung AB (Für Wirkungsdiagramm y=f(A) mit Parameter B)

3. Schritt: Prüfung der Signifikanz der Wirkungen und der Wechselwirkung (Varianzanalyse mit F-Test)

Die Quadratsummen SS_R (als Maß für die Versuchsstreuung/Fehlerabschätzung) mit Freiheitsgrad f_R müssen bekannt sein oder aus Wiederholungsversuchen und/oder Zentralversuchen gewonnen werden. Bei Versuchsplänen mit mehr Faktoren (siehe folgende Kapitel) gibt es 3-Faktor- und Mehrfaktor-Wechselwirkungen, die selten signifikant sind und deshalb zur Schätzung der Versuchsstreuung herangezogen werden können. Die Berechnung der mittleren Quadrate erfolgt dann nach:

$$MS_R = \frac{SS_R}{f_R}$$

Der hier behandelte Versuchsplan mit nur vier Versuchen ohne Wiederholungen liefert natürlich zu wenig Information zur Abschätzung der Versuchsstreuung. Diese wird als bekannt vorausgesetzt. Für den F-Test ist festzulegen, mit welcher Sicherheitswahrscheinlichkeit $1 - \alpha$ (üblich: 95 %, selten 90 %) getestet werden soll. Bitte beachten Sie, dass die Aussagekraft des F-Tests stark von der Anzahl der Werte (= Anzahl Freiheitsgrade f_R) abhängt. Insbesondere bei nur einfach ausgeführten Versuchsplänen mit nur zwei Faktoren und damit wenigen Werten für die Fehlerabschätzung (wenig Freiheitsgrade) erhält man hohe Grenzwerte der F-Verteilung. Damit lassen sich kaum signifikante Wirkungen finden. Auch hier sei auf die folgenden Kapitel verwiesen, wo Versuchspläne (auch mit Wiederholungsversuchen) mit mehr als zwei Faktoren behandelt werden.

Wirkungen	Koeffizienten	$MS_I = SS_I$	$F = \dfrac{MS_I}{MS_R}$	Wirkung signifikant wenn
	$b_0 = \bar{y}$			
$A = \dfrac{1}{2}(-(g) + a - b + ab)$	$b_1 = \dfrac{A}{2}$	A^2	$F_A = \dfrac{A^2}{MS_R}$	$F_A > F_{1-\alpha}(1; f_R)$
$B = \dfrac{1}{2}(-(g) - a + b + ab)$	$b_2 = \dfrac{B}{2}$	B^2	$F_B = \dfrac{B^2}{MS_R}$	$F_B > F_{1-\alpha}(1; f_R)$
$AB = \dfrac{1}{2}(+(g) - a - b + ab)$	$b_3 = \dfrac{AB}{2}$	$(AB)^2$	$F_{AB} = \dfrac{(AB)^2}{MS_R}$	$F_{AB} > F_{1-\alpha}(1; f_R)$

Tabelle 31: Das Rechenschema mit Varianzanalyse für den 2^2-Versuchsplan
(Alternativ kann auch der p-Wert zur Signifikanzentscheidung herangezogen werden.
Signifikanz liegt vor, wenn $p < \alpha$ ist).

4. Schritt: Vorhersagefunktion aufstellen

$$y = \bar{y} + \frac{A}{2}x_A + \frac{B}{2}x_B + \frac{AB}{2}x_A x_B 1$$

oder

$$y = b_0 + b_1 x_A + b_2 x_B + b_3 x_A x_B$$

Für nicht signifikante Wirkungen werden in diesen Funktionsgleichungen die entsprechenden Koeffizienten b_1, b_2, b_3 gleich Null gesetzt.

Für die unabhängigen Variablen x_A und x_B der Vorhersagefunktion wird folgende Normierung vorgenommen:

$$x_A = \frac{A^* - \frac{1}{2}(A_2 + A_1)}{\frac{1}{2}(A_2 - A_1)} \qquad x_B = \frac{B^* - \frac{1}{2}(B_2 + B_1)}{\frac{1}{2}(B_2 - B_1)}$$

x_A und x_B sind die jeweils im Bereich von -1 bis +1 liegenden minimalen bzw. maximalen normierten Werte. A_1, B_1 und A_2, B_2 sind die physikalischen Faktorwerte des niedrigen bzw. des hohen Niveaus. A^* und B^* sind die Faktoreinstellungen, wofür die zu erwartende Zielgröße y berechnet werden soll.

3   Der 2^3-Versuchsplan

Die bisherigen Ausführungen und Herleitungen wurden der guten Verständlichkeit halber anhand eines 2^2-Versuchsplanes erklärt. Mit zwei Faktoren, die auf jeweils zwei Niveaus eingestellt wurden, gibt es dabei $2^2=4$ Kombinationen - der Minimalaufwand für diesen vollfaktoriellen Versuchsplan besteht also aus 4 Versuchen.

In der Praxis ist der Einfluss von mehr als zwei Faktoren sehr häufig. Dieses Kapitel erweitert nun die vom 2^2-Versuchsplan bekannte Systematik auf den 2^3-Versuchsplan: Dabei handelt es sich um drei Faktoren, die auf jeweils zwei Niveaus eingestellt werden. Die Anzahl der Versuche - auch hier noch ohne Wiederholungen - beträgt nun $2^3=8$.

Es gilt: 2^k ← Anzahl der Faktoren
                ↑
       Anzahl der Niveaus pro Faktor

Sie werden sehen, dass die zugrunde liegende Mathematik prinzipiell dieselbe ist. Allerdings ist sie wegen der höheren Anzahl von Faktor-Kombinationen etwas umfangreicher. Die folgenden Ausführungen haben zum Ziel, den 2^3-Versuchsplan aus den Kenntnissen des 2^2-Versuchsplans schrittweise zu entwickeln. Am Schluss steht eine Systematik, anhand derer Pläne, Auswertungen und Ergebnisbeurteilungen von 2^3-Versuchsplänen „rezeptartig" durchgeführt werden können.

In den Folgekapiteln wird dann das bisher Gezeigte für mehr als 3 Faktoren weiterentwickelt. Sie werden die bekannten Prinzipien wiedererkennen und damit in der Lage sein, DoE-Software bewusst zu parametrieren und sicher einzusetzen. Der Einsatz eines DoE-Tools erspart viel Rechenarbeit bei der Versuchsplanung und bei der numerischen und grafischen Auswertung sowie bei der Beurteilung der Versuchsergebnisse.

3.1 Systematik und Nomenklatur

Die aus den vorangegangenen Kapiteln bekannte Bezeichnung der Versuche und Wirkungen wird nun ergänzt, so dass die Mathematik für drei Faktoren hergeleitet werden kann. Abbildung 28 und Tabelle 32 zeigen die acht Versuche, die anhand eines Würfels dargestellt sind. Für die Bezeichnung der Versuche gilt auch hier die Regel: Faktoren auf hohem Niveau werden durch die entsprechenden Kleinbuchstaben genannt. Faktoren auf niedrigem Niveau werden nicht genannt.

Beispiel: Beim Versuch *ac* sind die Faktoren A und C auf hohem Niveau, während Faktor B auf niedriges Niveau eingestellt ist.

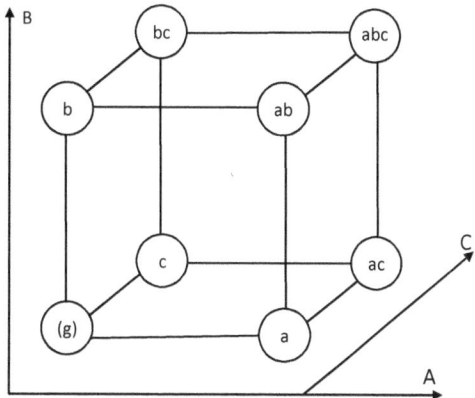

Abbildung 28: Bezeichnung der Versuche eines 2^3-Versuchsplans.
(g) ist der Grundversuch, bei dem alle Faktoren auf niedriges Niveau eingestellt werden.

Kombinationen der Faktorniveaus	$C_{niedriges\ Niveau}$		$C_{hohes\ Niveau}$	
	$A_{niedriges\ Niveau}$	$A_{hohes\ Niveau}$	$A_{niedriges\ Niveau}$	$A_{hohes\ Niveau}$
$B_{niedriges\ Niveau}$	(g)	a	c	ac
$B_{hohes\ Niveau}$	b	ab	bc	abc

Tabelle 32: Die acht Kombinationen der Faktorniveaus beim 2^3-Versuchsplan

Die Bezeichnungen der Versuche in der Standardreihenfolge lauten (g), a, b, ab, c, ac, bc und abc.

Die Faktoren sowie deren Wirkungen und Wechselwirkungen werden mit Großbuchstaben bezeichnet: A, B, AB, C, AC, BC und ABC. Um im Text Faktoren und Wirkungen unterscheiden zu können, werden die Wirkungen und Wechselwirkungen kursiv dargestellt.

Im Vergleich zum 2^2-Versuchsplan sind hier außer der Hauptwirkung *C* die Wechselwirkungen *AC* und *BC* sowie die Dreifach-Wechselwirkung *ABC* hinzugekommen.

Der Versuchsplan wird (wie der 2^2-Versuchsplan auch) als Plan 1. Ordnung bezeichnet: Die Faktoren werden ja auch hier auf jeweils zwei Stufen eingestellt und anhand der Versuchsergebnisse werden die Koeffizienten für eine lineare Vorhersagefunktion ermittelt.

Würde man mit drei Faktorstufen arbeiten, so würde die Vorhersagefunktion ein Modell 2. Ordnung (quadratisches Modell) beschreiben.

3.2 Wirkungen und Wechselwirkungen

Die vom 2^2-Versuchsplan bekannten Definitionen gelten allgemein und somit auch hier:

Hauptwirkung: Mittelwert der Differenz der Versuchsergebnisse, bei denen der Faktor auf hohem bzw. niedrigem Niveau war.

Wechselwirkung: Mittelwert der Differenz der Wirkung des einen Faktors auf hohem und niedrigem Niveau des anderen Faktors.

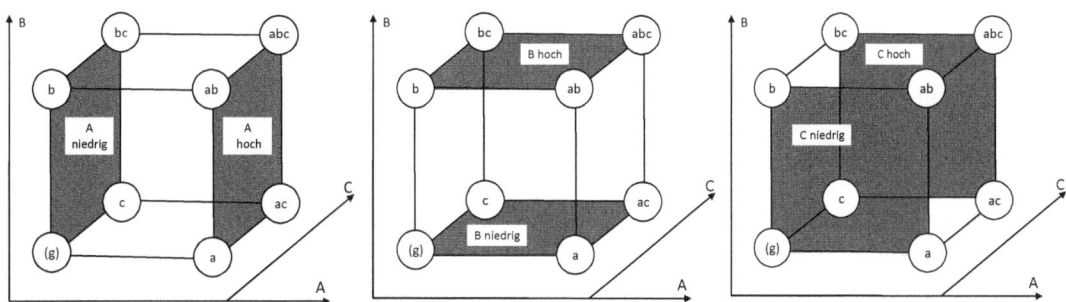

Abbildung 29: Die grafische Veranschaulichung der Hauptwirkungen A, B und C eines 2^3-Versuchsplans im Würfelmodell

Anhand von Abbildung 29 lässt sich beispielsweise die Berechnung der Hauptwirkung A leicht nachvollziehen:

Mittelwert der Messwerte (Zielgrößen) bei hohem Niveau von A:

$$A_{hoch} = \frac{1}{4}(a + ab + ac + abc)$$

Mittelwert der Messwerte (Zielgrößen) bei niedrigem Niveau von A:

$$A_{niedrig} = \frac{1}{4}((g) + b + c + bc)$$

Die Wirkung von A als Differenz der Mittelwerte der Messwerte (Zielgrößen):

$$A = A_{hoch} - A_{niedrig} = \frac{1}{4}(a + ab + ac + abc) - \frac{1}{4}((g) + b + c + bc)$$

Hier erkennt man auch die Systematik: Genannte Faktornamen (hier a, ab, ac und abc) gehen positiv, alle nicht genannten gehen negativ in die Formel ein. Damit lassen sich die Rechenvorschriften für die weiteren Hauptwirkungen schreiben:

$$B = B_{hoch} - B_{niedrig} = \frac{1}{4}(b + ab + bc + abc) - \frac{1}{4}((g) + a + c + ac)$$

$$C = C_{hoch} - C_{niedrig} = \frac{1}{4}(c + ac + bc + abc) - \frac{1}{4}((g) + a + b + ab)$$

Wie sind nun die Wechselwirkungen beim 2^3-Versuchsplan zu veranschaulichen? Am Beispiel der Wechselwirkung zwischen A und C sei dieses erklärt. Zu bilden ist die Differenz der Wirkung von A bei hohem Niveau und derjenigen bei niedrigem Niveau von C:

Wirkung von A bei hohem Niveau von C:

    bei hohem Niveau von B: $abc - bc$

    bei niedrigem Niveau von B: $ac - c$

Mittelwert der Summe: $A_{C\_hoch} = \frac{1}{4}(abc - bc) + \frac{1}{4}(ac - c)$

Wirkung von A bei niedrigem Niveau von C:

    bei hohem Niveau von B: $ab - b$

    bei niedrigem Niveau von B: $a - (g)$

Mittelwert der Summe: $A_{C\_niedrig} = \frac{1}{4}(ab - b) + \frac{1}{4}(a - (g))$

Die Differenz dieser Werte ergibt die Wechselwirkung AC:

$$AC = A_{C\_hoch} - A_{C\_niedrig} = \frac{1}{4}((g) + b + ac + abc) - \frac{1}{4}(a + ab + c + bc)$$

Entsprechend lassen sich auch die Wechselwirkungen AB und BC berechnen.

Vorzeichenschema und Multiplikationsregel

Wie beim 2^2-Versuchsplan schon erläutert, ist auch hier das Vorzeichenschema für die Versuchssystematik und die Berechnung der Wirkungen und Wechselwirkungen sehr hilfreich. Tabelle 33 zeigt die Systematik für den 2^3-Versuchsplan. Die Versuche sind in der Standardreihenfolge *(g) ... abc* aufgeführt (1. Spalte). In den Folgespalten finden sich die Vorzeichen, anhand derer die Wirkungen und Wechselwirkungen berechnet werden. Die Werte in den Spalten mit den Wechselwirkungen lassen sich durch Multiplikation der Werte der zugehörigen Hauptwirkungen berechnen (Multiplikationsregel). Die Identitätsspalte I (alle Faktoren auf Plus) ist zur Berechnung des Versuchsmittelwertes $\bar{y}$ ganz praktisch:

$$\bar{y} = \frac{1}{8}(+(g) + a + b + ab + c + ac + bc + abc)$$

Versuch	Vorzeichen der Wirkungen							
	I	A	B	AB	C	AC	BC	ABC
(g)	+	-	-	+	-	+	+	-
a	+	+	-	-	-	-	+	+
b	+	-	+	-	-	+	-	+
ab	+	+	+	+	-	-	-	-
c	+	-	-	+	+	-	-	+
ac	+	+	-	-	+	+	-	-
bc	+	-	+	-	+	-	+	-
abc	+	+	+	+	+	+	+	+

Tabelle 33: Das Vorzeichenschema für die Wirkungen und Wechselwirkungen beim 2^3-Versuchsplan. Der Übersichtlichkeit halber sind die Niveaus mit +/- statt mit 1/-1 bezeichnet.

Mit Tabelle 33 ergeben sich nun die Zweifach-Wechselwirkungen wie folgt:

$$AB = \frac{1}{4}(+(g) - a - b + ab + c - ac - bc + abc) = \frac{1}{4}((g) + ab + c + abc) - \frac{1}{4}(a + b + ac + bc)$$

$$AC = \frac{1}{4}(+(g) - a + b - ab - c + ac - bc + abc) = \frac{1}{4}((g) + b + ac + abc) - \frac{1}{4}(a + ab + c + bc)$$

$$BC = \frac{1}{4}(+(g) + a - b - ab - c - ac + bc + abc) = \frac{1}{4}((g) + a + bc + abc) - \frac{1}{4}(b + ab + c + ac)$$

Auf dieselbe Weise lässt sich die Rechenvorschrift für die Dreifach-Wechselwirkung *ABC* anhand des Schemas durch Multiplikation der Vorzeichen der Spalten *A*, *B* und *C* ermitteln. Anschaulich findet man die Wechselwirkung *ABC* als Unterschied zwischen der Wechselwirkung *AB* auf hohem Niveau von *C* und derselben auf niedrigem Niveau von *C*:

$$ABC = AB_{C\_hoch} - AB_{C\_niedrig}$$

Wechselwirkung *AB* bei hohem Niveau von C:

    bei hohem Niveau von B: $abc - bc$

    bei niedrigem Niveau von B: $ac - c$

Mittelwert der Differenz: $AB_{C\_hoch} = \frac{1}{4}(abc - bc) - \frac{1}{4}(ac - c)$

Wechselwirkung *AB* bei niedrigem Niveau von C:

    bei hohem Niveau von B: $ab - b$

    bei niedrigem Niveau von B: $a - (g)$

Mittelwert der Differenz : $AB_{C\_niedrig} = \frac{1}{4}(ab - b) - \frac{1}{4}(a - (g))$

Die Differenz dieser Werte ergibt die Wechselwirkung *ABC*:

$$ABC = AB_{C\_hoch} - AB_{C\_niedrig} = \frac{1}{4}(a + b + c + abc) - \frac{1}{4}((g) + ab + ac + bc)$$

Anhand eines Beispiels soll nun die Berechnung der Wirkungen und Wechselwirkungen gezeigt werden.

Beispiel: Produktmenge eines Chemiereaktors (3 Faktoren, 2 Niveaus)

In einem Chemiereaktor wird der Einfluss dreier Faktoren auf die Menge an Endprodukt untersucht, die die Anlage pro Zeiteinheit produziert. Die drei Faktoren, die diese Menge (vermutlich) beeinflussen, sind die Reaktortemperatur A, die Konzentration B einer bestimmten Komponente der Rezeptur und die Bauart C des verwendeten Katalysators.

Die Versuche wurden auf den in Tabelle 34 angegebenen Niveaus der Faktoren durchgeführt.

	Zielgröße: Menge [kg]			Niveauwerte	
	Faktor	Maßeinheit	Art des Faktors	niedrig	hoch
A	Temperatur	°C	quantitativ	160	180
B	Konzentration	%	quantitativ	20	40
C	Katalysator	dimensionslos	qualitativ	Kat X	Kat Y

Tabelle 34: Die Niveaus der Faktoren für den 2^3-Versuchsplan (Versuchsergebnisse siehe Tabelle 35)

Der Katalysator (Faktor C) ist ein qualitativer Faktor. Kat X und Kat Y sind hier bestimmte Katalysatortypen, beispielsweise ähnliche Bauarten verschiedener Hersteller. Für qualitative Faktoren gibt es keine Werte zwischen den beiden Niveaus.

In Tabelle 35 sind die Versuchsergebnisse der acht Versuche wiedergegeben. Zielgröße ist die Menge an Endprodukt in kg, die während eines festgelegten Zeitraums produziert wird.

	Katalysator C							
Konzentration B	Kat X			-	Kat Y			+
	Temperatur A							
	160	-	180	+	160	-	180	+
20	-	(g)	68	a	82	c	59	ac	94
40	+	b	61	ab	77	bc	51	abc	91

Tabelle 35: Die Versuchsergebnisse des 2^3-Versuchsplans „Produktmenge eines Chemiereaktors"

Die Wirkungen berechnen sich nun anhand der Vorzeichenregel (Tabelle 33). Am Beispiel der Wechselwirkung *AB* sei dies nochmals gezeigt:

$$AB = \frac{1}{4}(+(g) - a - b + ab + c - ac - bc + abc) = \frac{1}{4}(68 - 82 - 61 + 77 + 59 - 94 - 51 + 91) = 1{,}75$$

Die hier positive Wechselwirkung hat also den Wert 1,75 kg.

Entsprechend berechnen sich die weiteren Wirkungen und Wechselwirkungen, deren Ergebnisse in Tabelle 36 zusammengefasst sind.

Wirkung	Produktmenge [kg]
A	26,25
B	-5,75
AB	1,75
C	1,75
AC	11,25
BC	0,25
ABC	0,75

Tabelle 36: Die berechneten Wirkungen und Wechselwirkungen des 2^3-Versuchsplans „Produktmenge eines Chemiereaktors"

3.2.1 Grafische Darstellung der Wirkungen und Wechselwirkungen

Die im vorigen Kapitel berechneten Effekte lassen sich anschaulich grafisch darstellen. Wie beim 2^2- Versuchsplan gezeigt, verbindet man in der Grafik für jede der drei Hauptwirkungen zwei Mittelwerte, die aus den Versuchsergebnissen mit niedrigem bzw. hohem Niveau des entsprechenden Faktors gebildet werden. Die Berechnung der Mittelwerte zeigt Tabelle 37.

Faktor-Niveau	Faktor A Temperatur	Faktor B Konzentration	Faktor C Katalysator
−	$\frac{1}{4}((g) + b + c + bc) =$ $\frac{1}{4}(68 + 61 + 59 + 51) =$ 59,75	$\frac{1}{4}((g) + a + c + ac) =$ $\frac{1}{4}(68 + 82 + 59 + 94) =$ 75,75	$\frac{1}{4}((g) + a + b + ab) =$ $\frac{1}{4}(68 + 82 + 61 + 77) =$ 72,00
+	$\frac{1}{4}(a + ab + ac + abc) =$ $\frac{1}{4}(82 + 77 + 94 + 91) =$ 86,00	$\frac{1}{4}(b + ab + bc + abc) =$ $\frac{1}{4}(61 + 77 + 51 + 91) =$ 70,00	$\frac{1}{4}(c + ac + bc + abc) =$ $\frac{1}{4}(59 + 94 + 51 + 91) =$ 73,75

Tabelle 37: Die Mittelwerte der Versuchsergebnisse (jeweils niedriges und hohes Niveau der Faktoren) bilden die Start- und Endpunkte der drei Hauptwirkungs-Geraden.

Die grafische Darstellung der Hauptwirkungen zeigt Abbildung 30.

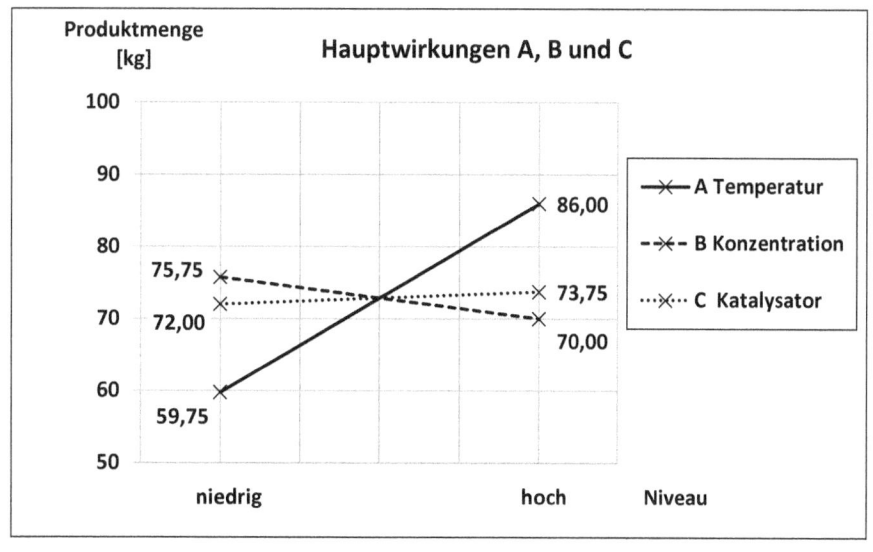

Abbildung 30: Die grafische Darstellung der Hauptwirkungen (Main Effects Plot)

Für die drei Wechselwirkungen *AB*, *AC* und *BC* des 2^3-Versuchsplans wird folgendermaßen verfahren: Die beiden Mittelwerte der Zielgrößen aller Minus- bzw. Plus-Einstellungen des einen Faktors werden in Abhängigkeit der Einstellungen des anderen Faktors berechnet. Damit erhält man pro Wechselwirkung zwei Punktepaare, die im Wechselwirkungsdiagramm (*Interaction Plot*) dargestellt werden (Abbildung 31 bis Abbildung 33).

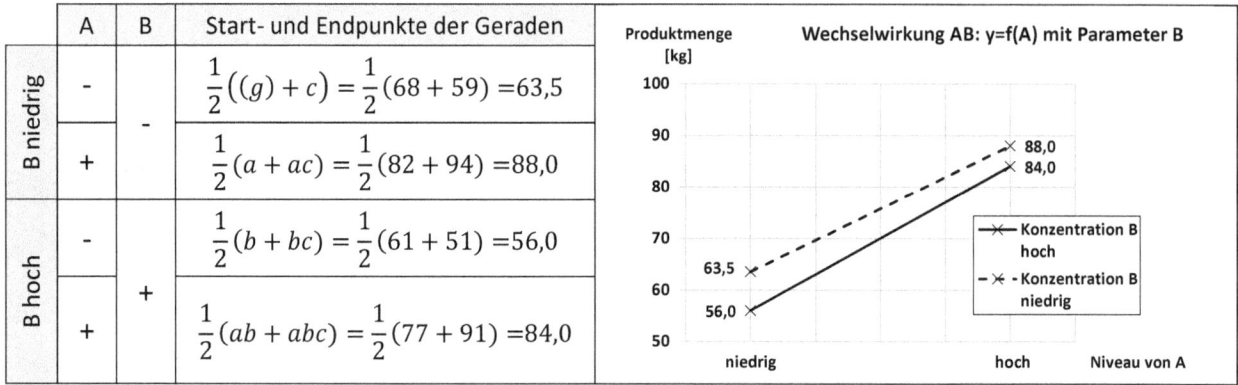

	A	B	Start- und Endpunkte der Geraden
B niedrig	−	−	$\frac{1}{2}((g)+c) = \frac{1}{2}(68+59) = 63{,}5$
B niedrig	+	−	$\frac{1}{2}(a+ac) = \frac{1}{2}(82+94) = 88{,}0$
B hoch	−	+	$\frac{1}{2}(b+bc) = \frac{1}{2}(61+51) = 56{,}0$
B hoch	+	+	$\frac{1}{2}(ab+abc) = \frac{1}{2}(77+91) = 84{,}0$

Abbildung 31: Wechselwirkung AB, y=f(A) mit Parameter B

	A	C	Start- und Endpunkte der Geraden
C niedrig	−	−	$\frac{1}{2}((g)+b) = \frac{1}{2}(68+61) = 64{,}5$
C niedrig	+	−	$\frac{1}{2}(a+ab) = \frac{1}{2}(82+77) = 79{,}5$
C hoch	−	+	$\frac{1}{2}(c+bc) = \frac{1}{2}(59+51) = 55{,}0$
C hoch	+	+	$\frac{1}{2}(ac+abc) = \frac{1}{2}(94+91) = 92{,}5$

Abbildung 32: Wechselwirkung AC, y=f(A) mit Parameter C

	B	C	Start- und Endpunkte der Geraden
C niedrig	-	-	$\frac{1}{2}((g)+a) = \frac{1}{2}(68+82) = 75,0$
C niedrig	+	-	$\frac{1}{2}(b+ab) = \frac{1}{2}(61+77) = 69,0$
C hoch	-	+	$\frac{1}{2}(c+ac) = \frac{1}{2}(59+94) = 76,5$
C hoch	+	+	$\frac{1}{2}(bc+abc) = \frac{1}{2}(51+91) = 71,0$

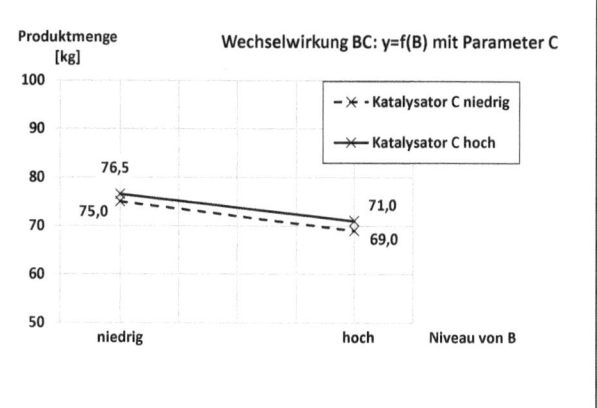

Abbildung 33: Wechselwirkung BC, y=f(B) mit Parameter C

Wie schon beim 2²-Versuchsplan erläutert wurde, ist der Grad der „Nichtparallelität" ein Maß für die „Stärke" der Wechselwirkung. Verlaufen die Geraden parallel, so besteht keine Wechselwirkung.

Anzumerken ist, dass Mehrfachwechselwirkungen in der Praxis meist nicht signifikant sind. Die Betrachtung der Dreifach-Wechselwirkung *ABC* wurde deshalb hier weggelassen. Beim anschließenden F-Test zur Ermittlung der Signifikanz der anderen Wirkungen wird das Ergebnis des Versuches abc zur Abschätzung der Versuchsstreuung genutzt.

3.3 Signifikanz der Wirkungen: Varianzanalyse (F-Test)

Wie schon beim 2^2-Versuchsplan soll auch hier die Signifikanz der Wirkungen und Wechselwirkungen anhand einer Varianzanalyse mit F-Test beurteilt werden.

Ziel der Varianzanalyse ist, für jede Wirkung und Wechselwirkung zu entscheiden, ob diese signifikant ist. Dazu wird jeweils die Testgröße F wie folgt gebildet, um anschließend mit dem Grenzwert der F-Verteilung verglichen zu werden:

$$F = \frac{\frac{SS_I}{f_I}}{\frac{SS_R}{f_R}} = \frac{MS_I}{MS_R}$$

Auch hier werden die Versuchsergebnisse in zwei Gruppen eingeteilt. In Gruppe 1 kommen die Werte, bei denen der untersuchte Faktor auf niedrigem Niveau war. Gruppe 2 enthält die Werte bezüglich der hohen Faktorniveaus. In Tabelle 38 ist die Gruppeneinteilung zur Varianzanalyse am Beispiel des Faktors A dargestellt.

j \ i	1	2	3	4	Gruppensumme	Gruppenmittel $\bar{y}_i$
Gruppe 1: $A_{niedrig}$	(g)	b	c	bc	$(g) + b + c + bc$	$\frac{(g) + b + c + bc}{4}$
Gruppe 2: A_{hoch}	a	ab	ac	abc	$a + ab + ac + abc$	$\frac{a + ab + ac + abc}{4}$

Tabelle 38: Die zwei Gruppen der Varianzanalyse für Faktor A eines 2^3-Versuchsplans

Für die Varianzanalyse gilt:

Gruppenindex: i
Wertindex in Gruppe: j
Anzahl der Gruppen: $I = 2$
Freiheitsgrade: $f_I = I - 1 = 1$
Anzahl der Werte pro Gruppe: $J = 4$
Gruppenmittel: $\bar{y}_i$
Gesamtmittel: $\bar{y}$

Die Quadratsumme (zwischen den Gruppen) für den Faktor A berechnet sich wie folgt:

$$SS_I = SS_A = J \cdot \sum_{i=1}^{I} (\bar{y}_i - \bar{y})^2 =$$

$$4\left(\frac{(g)+b+c+bc}{4} - \frac{(g)+b+c+bc+a+ab+ac+abc}{8}\right)^2 +$$

$$4\left(\frac{a+ab+ac+abc}{4} - \frac{(g)+b+c+bc+a+ab+ac+abc}{8}\right)^2 =$$

$$4\left(\frac{(g)+b+c+bc-(a+ab+ac+abc)}{8}\right)^2 + 4\left(\frac{a+ab+ac+abc-((g)+b+c+bc)}{8}\right)^2 =$$

$$4\left(\frac{-4A}{8}\right)^2 + 4\left(\frac{+4A}{8}\right)^2 = 2A^2$$

Diese Beziehung zwischen den Wirkungen und den Quadratsummen gilt für alle Wirkungen und Wechselwirkungen:

$$SS_A = 2A^2$$
$$SS_B = 2B^2$$
$$SS_{AB} = 2(AB)^2$$
$$SS_C = 2C^2$$
$$SS_{AC} = 2(AC)^2$$
$$SS_{BC} = 2(BC)^2$$
$$SS_{ABC} = 2(ABC)^2$$

Die Systematik zur Berechnung der Quadratsummen aus den Wirkungen lautet:

$$SS_{Wirkung} = \frac{N}{4} \cdot (Wirkung)^2 \qquad \text{(N = Anzahl der Versuche)}.$$

Die mittleren Quadrate berechnen sich nach $MS_I = \frac{SS_I}{f_I}$.

Mit $f_I = I - 1 = 1$ ergibt sich:

$$MS_A = \frac{SS_A}{1} = SS_A$$
$$MS_B = SS_B$$
$$...$$
$$MS_{ABC} = SS_{ABC}$$

Mit den Zahlenwerten des Beispiels ergeben sich nun die mittleren Quadrate:

$$MS_A = 2A^2 = 2 \cdot 26{,}25^2 = 1378{,}125$$
$$MS_B = 2B^2 = 2 \cdot (-5{,}75)^2 = 66{,}125$$
$$\ldots$$
$$MS_{ABC} = 2(ABC)^2 = 2 \cdot 0{,}75^2 = 1{,}125$$

Die letzte Spalte von Tabelle 39 zeigt die mittleren Quadrate für alle Wirkungen:

Wirkung		Mittlere Quadrate
Bezeichnung	Wert [kg]	$SS_I = MS_I$
A	26,25	1378,125
B	-5,75	66,125
AB	1,75	6,125
C	1,75	6,125
AC	11,25	253,125
BC	0,25	0,125
ABC	0,75	1,125

Tabelle 39: Aus den Wirkungen berechnete mittlere Summen der Abweichungsquadrate

Jetzt wird noch MS_R als Maß für den Versuchsfehler benötigt. In der Praxis ist dieser Wert oft aus vorangegangenen Versuchen bekannt. Im vorliegenden Beispiel erkennt man, dass die Quadratsummen SS_I der Wechselwirkungen *BC* und *ABC* im Vergleich zu den Hauptwirkungen und der Wechselwirkung *AC* sehr kleine Werte aufweisen. Damit ergeben sich für diese Wirkungen sehr kleine F-Werte, was dann zum Testergebnis „Wirkung ist nicht signifikant" führt. Die erhaltenen kleinen Werte der mittleren Quadrate sind sehr wahrscheinlich auf die Streuung der Versuchsergebnisse zurückzuführen. Daher werden diese häufig zur Abschätzung der Versuchsstreuung herangezogen:

$$SS_R = SS_{BC} + SS_{ABC}$$

Für den Freiheitsgrad gilt: $\quad f_R = f_{BC} + f_{ABC} = 1 + 1 = 2$

Damit ist das gesuchte mittlere Quadrat:

$$MS_R = \frac{SS_{BC} + SS_{ABC}}{f_R} = \frac{0{,}125 + 1{,}125}{2} = 0{,}625$$

Laut F-Test ist eine untersuchte Wirkung dann signifikant, wenn gilt:

$$F = \frac{MS_I}{MS_R} > F_{1-\alpha}(f_I; f_R)$$

Für das vorliegende Beispiel ergibt sich für die Wirkung A:

$$F_A = \frac{MS_A}{MS_R} = \frac{1378{,}125}{0{,}625} = 2205{,}0$$

Wird der F-Test auf einem Sicherheitsniveau von 95 % durchgeführt, so erhält man als Grenzwert der F-Verteilung:

$$F_{1-\alpha}(f_I; f_R) = F_{0{,}95}(1; 2) \approx 18{,}51$$

Das Ergebnis des F-Tests für die Wirkung A lautet: Da der berechnete F-Wert (2205,0) größer als der Grenzwert der F-Verteilung (18,51) ist, wird mit einer Irrtumswahrscheinlichkeit von 5 % angenommen, dass die Wirkung A signifikant ist.

Bitte beachten Sie, dass im vorliegenden Fall die Versuchsstreuung MS_R anhand von nur zwei Werten geschätzt wurde. Die Signifikanz-Entscheidung basiert also auf einer etwas „dünnen" Datenbasis. Mehr Sicherheit schafft auch hier eine höhere Anzahl von Versuchen, beispielsweise durch mehrfach ausgeführte Versuchspläne.

So werden nun die F-Tests für die weiteren Wirkungen und Wechselwirkungen durchgeführt. Die Ergebnisse zeigt Tabelle 40.

Wirkung					
Bezeichnung	Wert [kg]	$SS_I = MS_I$	$F = MS_I/MS_R$	p-Wert	F-Test-Ergebnis
A	26,25	1 378,125	2 205,00	0,0005	signifikant
B	-5,75	66,125	105,80	0,0093	signifikant
AB	1,75	6,125	9,80	0,0887	
C	1,75	6,125	9,80	0,0887	
AC	11,25	253,125	405,00	0,0025	signifikant
BC	0,25	0,125	0,20	0,6985	
ABC	0,75	1,125	1,80	0,3118	

Tabelle 40: Die letzte Spalte enthält die Ergebnisse der F-Tests: Die Wirkungen A, B und die Wechselwirkung AC sind signifikant

Als Ergebnis dieser Varianzanalyse ist festzuhalten, dass die Hauptwirkungen A und B sowie die Wechselwirkung AC als signifikant erkannt werden. Hier ist allerdings noch eine Überlegung angebracht: Wie kann es sein, dass die Wechselwirkung AC signifikant ist, obwohl die Hauptwirkung C als nicht signifikant beurteilt wurde? Es lässt sich vermuten, dass die Hauptwirkung C verdeckt ist. Das heißt, dass der angenommene lineare Einfluss des Faktors C auf die Zielgröße nicht gegeben ist. Wie in Kapitel 2.3.2 dargestellt, kann diese Vermutung durch Zentralversuche bestätigt oder widerlegt werden. Gegebenenfalls muss dann ein quadratisches Modell für die Vorhersagefunktion angesetzt werden.

Noch ein Hinweis zur Schätzung der Zufallsstreuung (Versuchsfehler): Das in den vorangegangenen Ausführungen angewandte Verfahren durch Zusammenfassung (vermutlich) nicht signifikanter Wechselwirkungen zur Berechnung des Versuchsfehlers wird auch als „Pooling" bezeichnet. Welche Werte zum Pooling herangezogen werden, liegt im Ermessen des Experimenters und ist deshalb etwas subjektiv. Dies ist aber umso weniger kritisch, je größer die Anzahl der dafür hergenommenen Werte ist. Auch hier können Zentralversuche und/oder Wiederholungsversuche die Aussagesicherheit zur Signifikanz verbessern.

3.4 Vorhersagefunktion

Die Vorhersagefunktion allgemeiner Art für den 2^3-Versuchsplan (Modell 1. Ordnung) lautet:

$$y = \bar{y} + \frac{A}{2}x_A + \frac{B}{2}x_B + \frac{AB}{2}x_Ax_B + \frac{C}{2}x_C + \frac{AC}{2}x_Ax_C + \frac{BC}{2}x_Bx_C + \frac{ABC}{2}x_Ax_Bx_C$$

Oder in der Schreibweise mit den Koeffizienten b_0 bis b_7:

$$y = b_0 + b_1x_A + b_2x_B + b_3x_Ax_B + b_4x_C + b_5x_Ax_C + b_6x_Bx_C + b_7x_Ax_Bx_C$$

In Tabelle 41 sind die berechneten Koeffizienten des Zahlenbeispiels aufgelistet.

Bezeichnung	Wirkung Menge [kg]	Koeff. b_0 bis b_7 72,875	$SS_I=MS_I$	$F=MS_I/MS_R$	p-Wert	F-Test-Ergebnis
A	26,25	13,125	1 378,125	2 205,00	0,0005	signifikant
B	-5,75	-2,875	66,125	105,80	0,0093	signifikant
AB	1,75	0,875	6,125	9,80	0,0887	
C	1,75	0,875	6,125	9,80	0,0887	
AC	11,25	5,625	253,125	405,00	0,0025	signifikant
BC	0,25	0,125	0,125	0,20	0,6985	
ABC	0,75	0,375	1,125	1,80	0,3118	

Tabelle 41: Die berechneten Wirkungen, Koeffizienten der Vorhersagefunktion und die Ergebnisse der F-Tests für den 2^3-Versuchsplan „Produktmenge eines Chemiereaktors"

Das mathematische Modell soll ja mit den durch die Versuche gefundenen Werten einen linearen Zusammenhang zwischen den Faktoren und der Zielgröße y darstellen. Zur groben Überprüfung der Plausibilität der Vorhersagefunktion kann man beispielsweise die normierten Werte $x_A = x_B = x_C = 1$ setzen. Man erhält dann das berechnete Versuchsergebnis y für den Fall, dass alle drei Faktoren auf hohem Niveau sind:

$$y = b_0 + b_1 + b_2 + b_3 + b_4 + b_5 + b_6 + b_7$$

Mit den Zahlenwerten des vorigen Kapitels erhält man:

$$y = (72{,}875 + 13{,}125 - 2{,}875 + 0{,}875 + 0{,}875 + 5{,}625 + 0{,}125 + 0{,}375) \text{ kg} = 91 \text{ kg}$$

Der erhaltene Wert 91 kg entspricht dem Ergebnis des Versuches abc.

Da aber die Varianzanalyse im vorigen Kapitel ergab, dass nicht alle Wirkungen signifikant sind, muss die Gleichung entsprechend angepasst werden. Dies geschieht dadurch, dass die Wirkungswerte der nicht signifikanten Wirkungen auf 0 gesetzt werden.

Hier also: $\quad AB = C = BC = ABC = 0$

Damit erhält man folgende Vorhersagefunktion:

$$y = b_0 + b_1 x_A + b_2 x_B + b_5 x_A x_C$$

$$y = (72{,}875 + 13{,}125 \cdot x_A - 2{,}875 \cdot x_B + 5{,}625 \cdot x_A \cdot x_C) \text{ kg}$$

Beispielhaft soll nun damit die Zielgröße berechnet werden, die sich bei folgender Einstellung der Faktoren ergeben würde:

Temperatur	A^*:	177°C
Konzentration	B^*:	35 %
Katalysator	C^*:	KAT Y

Zunächst werden wieder die Transformationen durchgeführt, die den Versuchsraum für jeden Faktor von -1 bis +1 festlegen. Sie erhalten die dimensionslosen Größen:

$$x_A = \frac{A^* - \frac{1}{2}(A_2 + A_1)}{\frac{1}{2}(A_2 - A_1)} = \frac{177 - \frac{1}{2}(180 + 160)}{\frac{1}{2}(180 - 160)} = 0{,}70$$

$$x_B = \frac{B^* - \frac{1}{2}(B_2 + B_1)}{\frac{1}{2}(B_2 - B_1)} = \frac{35 - \frac{1}{2}(40 + 20)}{\frac{1}{2}(40 - 20)} = 0{,}50$$

Im Fall des Faktors C handelt es sich um einen qualitativen Faktor, von dem keine Werte zwischen den Niveaus einstellbar sind. In der vorliegenden Aufgabenstellung soll der Katalysator KAT Y eingesetzt werden. Das entspricht dem Faktor C auf hohem Niveau. Es muss deshalb geschrieben werden: $x_C = 1$. Eingesetzt in die Vorhersagefunktion ergibt sich folgender Vorhersagewert für die angenommenen Niveaus:

$$y = (72{,}875 + 13{,}125 \cdot 0{,}7 - 2{,}875 \cdot 0{,}5 + 5{,}625 \cdot 0{,}7 \cdot 1) \text{ kg} \approx 84{,}6 \text{ kg}$$

Mit der genannten Einstellung würde sich demnach eine Produktmenge von 84,6 kg ergeben.

Die Überlegungen aus diesem und den vorangegangenen Kapiteln werden im Folgenden anhand von Beispielen nochmals durchexerziert.

3.5 2^3-Beispiel „Adhäsionskraft einer Verklebung"

Die in diesem und den folgenden Kapiteln durchgerechneten 2^3-Beispiele zeigen die praktische Vorgehensweise in Schritten. Daraus wird dann das Rechenschema für vollfaktorielle 2^3-Versuchspläne entwickelt. Die sehr einfache Arithmetik lässt sich mit wenig Aufwand anhand eines Programms zur Tabellenkalkulation umsetzen (Download der Beispiele des Buches siehe Anhang 9).

Aufgabe: Adhäsionskraft einer Verklebung

Bei der Untersuchung der Klebekraft (Adhäsionskraft) eines Industrieklebstoffes wurde ein Versuchsplan aufgestellt. Die Faktoren sind: Die Dicke des Klebstoffauftrages (Beschichtungsdicke), der Anpressdruck und die Dauer des Anpressens des Klebstoffes auf zwei zu verklebende Prüfflächen. Dem F-Test im Rahmen der Varianzanalyse zur Beurteilung der Signifikanz der Wirkungen soll eine Irrtumswahrscheinlichkeit von 5 % zugrunde gelegt werden. Anhand der Vorhersagefunktion soll berechnet werden, welche Adhäsionskraft zu erwarten ist, wenn mit einer Beschichtungsdicke von 38 g/m², einem Anpressdruck von 12 N/cm² und einer Anpressdauer von 20 Stunden gearbeitet wird.[17]

1. Schritt:	Versuche planen und durchführen

Nachdem die Niveaus der drei Faktoren festgelegt wurden oder vorgegeben sind, werden die acht Versuche mit den entsprechenden Niveaukombinationen durchgeführt (Tabelle 42 und Tabelle 43).

	Zielgröße: Adhäsionskraft [kN]			Niveauwerte	
	Faktor	Maßeinheit	Art des Faktors	niedrig	hoch
A	Beschichtungsdicke	g/m²	quantitativ	30	40
B	Anpressdruck	N/cm²	quantitativ	10	20
C	Anpressdauer	h	quantitativ	1	24

Tabelle 42: Niveaus des 2^3-Versuchsplans „Adhäsionskraft einer Verklebung"

Anpressdruck B		Anpressdauer C							
		1	-			24	+		
		Beschichtungsdicke A							
		30	-	40	+	30	-	40	+
10	-	(g)	30,4	a	34,1	c	33,9	ac	38,4
20	+	b	32,1	ab	32,9	bc	37,3	abc	38,4

Tabelle 43: Versuchsergebnisse des 2^3-Versuchsplans „Adhäsionskraft einer Verklebung"

---

[17] In Anlehnung an Adam, Mario: Statistische Versuchsplanung und Auswertung

2. Schritt: Berechnung und grafische Darstellung der Wirkungen und Wechselwirkungen

Die Berechnungen der Wirkungen und der Wechselwirkungen erfolgt nach Tabelle 37. Die Koeffizienten der Vorhersagefunktion errechnen sich aus den Wirkungen durch Halbieren (Tabelle 44).

Wirkung		Koeff.
Bezeichnung	Adhäsionskraft [kN]	b_0 bis b_7
		34,688
A	2,525	1,263
B	0,975	0,488
AB	-1,575	-0,788
C	4,625	2,313
AC	0,275	0,138
BC	0,725	0,363
ABC	-0,125	-0,062

Tabelle 44: Wirkungen, Wechselwirkungen und Koeffizienten der Vorhersagefunktion des 2^3-Versuchsplans „Adhäsionskraft einer Verklebung"

Die Ermittlung der Start- und Endpunkte für die Wirkungsdiagramme sind den Formeln aus Abbildung 31 bis Abbildung 33 zu entnehmen. Die entsprechenden Grafiken sind in Abbildung 34 zusammengefasst.

Anhand der grafischen Darstellung zeigt sich sehr gut die Wechselwirkung AB zwischen Beschichtungsdicke und Anpressdruck: Bei niedrigem Anpressdruck B wirkt sich die Erhöhung der Beschichtungsdicke A stärker aus als bei hohem Anpressdruck.

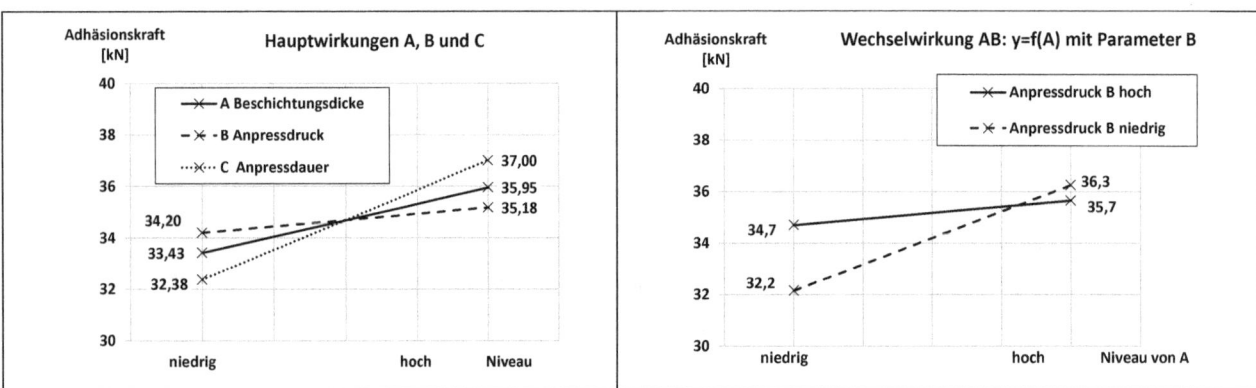

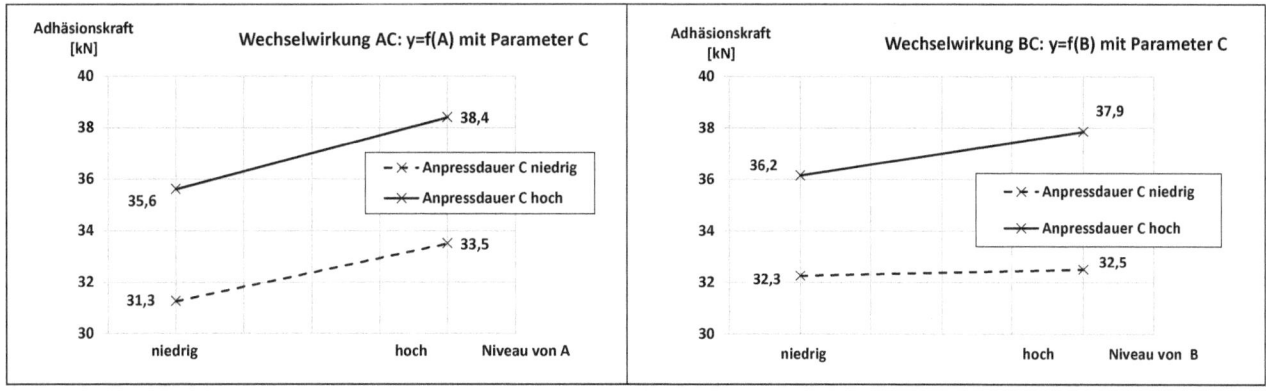

Abbildung 34: Grafische Darstellung der Wirkungen und der 2fach-Wechselwirkungen des 2^3-Versuchsplans „Adhäsionskraft einer Verklebung"

3. Schritt: Prüfung der Signifikanz der Wirkungen und Wechselwirkungen (Varianzanalyse mit F-Test)

Da die Quadratsummen SS_I der Wechselwirkungen *AC*, *BC* und *ABC* sehr kleine Werte aufweisen (Tabelle 45), werden diese zur Schätzung der Versuchsstreuung herangezogen.

$$SS_R = SS_{AC} + SS_{BC} + SS_{ABC}$$

Der Freiheitsgrad beträgt $\quad f_R = f_{AC} + f_{BC} + f_{ABC} = 1 + 1 + 1 = 3$

Für das mittlere Quadrat gilt:

$$MS_R = \frac{SS_{AC} + SS_{BC} + SS_{ABC}}{f_R} \approx \frac{0{,}151 + 1{,}051 + 0{,}031}{3} \approx 0{,}411$$

Spalte 5 von Tabelle 45 enthält die damit berechneten F-Werte der Wirkungen. Aus der Tabelle der F-Verteilung bzw. aus einem Tabellenkalkulationsprogramm oder Statistiksoftware erhält man für den Grenzwert der F-Verteilung bei der geforderten Sicherheitswahrscheinlichkeit von 95 %:

$$F_{1-\alpha}(1; f_R) = F_{0{,}95}(1; 3) \approx 10{,}13$$

Das Testergebnis lautet: Signifikant sind die beiden Hauptwirkungen *A* und *C* sowie die Wechselwirkung *AB*, da deren F-Werte größer als der Grenzwert $F_{0{,}95}(1; 3)$ sind. Da die Wechselwirkung *AB* als signifikant erkannt wurde und die zugehörige Hauptwirkung *B* dagegen nicht, muss durch weitere Versuche geprüft werden, ob B eine verdeckte Wirkung (siehe 2.3.2) hat.

Ähnlich gelagert sind die Fälle, in denen höhere Wechselwirkungen (beispielsweise *ABC*) als signifikant erkannt werden. Dann dürfen zugehörige niedrigere Wechselwirkungen (beispielsweise *AB*) und auch Hauptwirkungen (beispielsweise *C*) nicht zur Schätzung der Versuchsstreuung herangezogen werden.

Bezeichnung	Wirkung Adhäsionskraft [kN]	Koeff. b₀ bis b₇ 34,688	SS₁=MS₁	F=MS₁/MS_R	p-Wert	F-Test-Ergebnis
A	2,525	1,263	12,751	31,01	0,011	signifikant
B	0,975	0,488	1,901	4,62	0,121	
AB	-1,575	-0,788	4,961	12,06	0,040	signifikant
C	4,625	2,313	42,781	104,03	0,002	signifikant
AC	0,275	0,138	0,151	0,37	0,587	
BC	0,725	0,363	1,051	2,56	0,208	
ABC	-0,125	-0,062	0,031	0,08	0,801	

Tabelle 45: F-Test zur Prüfung auf Signifikanz der Wirkungen und Wechselwirkungen des 2^3-Versuchsplans „Adhäsionskraft einer Verklebung"

4. Schritt: Vorhersagefunktion aufstellen

In der Vorhersagefunktion

$$y = b_0 + b_1 x_A + b_2 x_B + b_3 x_A x_B + b_4 x_C + b_5 x_A x_C + b_6 x_B x_C + b_7 x_A x_B x_C$$

werden die Koeffizienten der nicht signifikanten Wirkungen gleich Null gesetzt. Damit erhält man:

$$y = (34{,}688 + 1{,}263 \cdot x_A - 0{,}788 \cdot x_A \cdot x_B + 2{,}313 \cdot x_C) \, kN$$

Für die Berechnung der normierten Größen x_A, x_B und x_C für die in der Aufgabenstellung geforderten Niveaus A^*, B^* und C^* erhält man:

$$x_A = \frac{A^* - \frac{1}{2}(A_2 + A_1)}{\frac{1}{2}(A_2 - A_1)} = \frac{38 - \frac{1}{2}(40 + 30)}{\frac{1}{2}(40 - 30)} = 0{,}6$$

$$x_B = \frac{B^* - \frac{1}{2}(B_2 + B_1)}{\frac{1}{2}(B_2 - B_1)} = \frac{12 - \frac{1}{2}(20 + 10)}{\frac{1}{2}(20 - 10)} = -0{,}6$$

$$x_C = \frac{C^* - \frac{1}{2}(C_2 + C_1)}{\frac{1}{2}(C_2 - C_1)} = \frac{20 - \frac{1}{2}(24 + 1)}{\frac{1}{2}(24 - 1)} \approx 0{,}652$$

Als Vorhersagewert ergibt sich:

$$y = (34{,}688 + 1{,}263 \cdot 0{,}6 - 0{,}788 \cdot 0{,}6 \cdot (-0{,}6) + 2{,}313 \cdot 0{,}652) \, kN \approx 37{,}2 \, kN.$$

Das Ergebnis lautet: Bei einer Klebstoffmenge von 38 g/m², einem Anpressdruck von 12 N/cm² und einer Anpressdauer von 20 Stunden ist eine Adhäsionskraft von 37,2 kN zwischen den Prüfflächen zu erwarten.

3.6 2^3-Beispiel „Durchlaufzeit eines Angebots"

In diesem Beispiel wird gezeigt, wie ein betriebswirtschaftlicher Prozess anhand von Faktorieller Versuchsplanung mit drei qualitativen Faktoren untersucht und optimiert werden kann.

Aufgabe: Durchlaufzeit eines Angebots

In einem Unternehmen wurde erkannt, dass die Durchlaufzeit von Angeboten zu groß ist und dadurch Aufträge verloren gehen. Als Ursachen des Problems werden vermutet:

- Die Zahl der organisatorischen Schnittstellen bei der Angebotsbearbeitung ist zu hoch.
- Die Organisationseinheiten Planung und Einkauf arbeiten nicht ausreichend simultan.
- Die Auswahl geeigneter Unterlieferanten nimmt zu viel Zeit in Anspruch.

Zu den drei vermuteten Ursachen wurden folgende Lösungsvorschläge erarbeitet:

- Die Arbeitsteilung bei der Angebotserstellung reduzieren. Das Angebot geht dann durch weniger „Hände".
- Arbeitsschritte soweit wie möglich parallelisieren.
- Die Zahl der potentiellen Lieferanten reduzieren, um den Aufwand für die Lieferantenauswahl zu verringern.

Das Vorgehen erfolgt in gewohnter Manier in vier Schritten:

1. Schritt: Versuche planen und durchführen

Tabelle 46 zeigt die Faktoren und ihre einzustellenden Niveaus.

	Zielgröße: Durchlaufzeit in Tagen			Niveauwerte	
	Faktor	Maßeinheit	Art des Faktors	niedrig	hoch
A	Schnittstellen	keine	qualitativ	reduziert	wie bisher
B	Parallelarbeit	keine	qualitativ	vermehrt	wie bisher
C	Lieferantenauswahl	keine	qualitativ	schneller	wie bisher

Tabelle 46: Niveaus des 2^3-Versuchsplans „Durchlaufzeit eines Angebots"

Alle drei Faktoren in diesem Beispiel sind qualitativer Art. Die Auswertung der Versuchsergebnisse zielt in erster Linie darauf, die Signifikanz der Wirkungen festzustellen, um gegebenenfalls die richtigen Maßnahmen zur Prozessverbesserung einzuleiten. Eine Vorhersagefunktion kann in diesem Fall dann hilfreich sein, wenn für die Faktoren auch Zwischenwerte möglich sind.

Die Versuchsergebnisse sind Tabelle 47 zu entnehmen.

Versuch	Durchlaufzeit [Tage]
(g)	4,6
a	6,2
b	7,8
ab	9,4
c	5,1
ac	6,4
bc	8,4
abc	10,2

Tabelle 47: Versuchsergebnisse des 2^3-Versuchsplans „Durchlaufzeit eines Angebots"

2. Schritt: Berechnung und grafische Darstellung der Wirkungen und Wechselwirkungen

Mit den aus den vorigen Kapiteln bekannten Formeln (siehe auch Tabelle 53) werden die Wirkungen, die Wechselwirkungen sowie die Koeffizienten der Vorhersagefunktion berechnet. Die Ergebnisse zeigt Tabelle 48.

Wirkung		Koeff. b_0 bis b_7
Bezeichnung	Durchlaufzeit [Tage]	7,263
A	1,575	0,788
B	3,375	1,688
AB	0,125	0,062
C	0,525	0,263
AC	-0,025	-0,013
BC	0,175	0,088
ABC	0,125	0,062

Tabelle 48: Berechnung der Wirkungen, Wechselwirkungen und Koeffizienten der Vorhersagefunktion des 2^3-Versuchsplans „Durchlaufzeit eines Angebots"

Die Punktepaare für die grafischen Darstellungen der Wirkungen und der 2fach-Wechselwirkungen werden nach bekanntem Schema ermittelt (siehe auch Tabelle 52). Die Grafiken sind in Abbildung 35 zusammengefasst. Die drei Diagramme für die Wechselwirkungen lassen wegen der weitgehenden Parallelität der Geraden vermuten, dass *AB*, *AC* und *BC* nicht signifikant sind. In Schritt 3 soll dies durch die Varianzanalyse mit F-Test statistisch belegt werden.

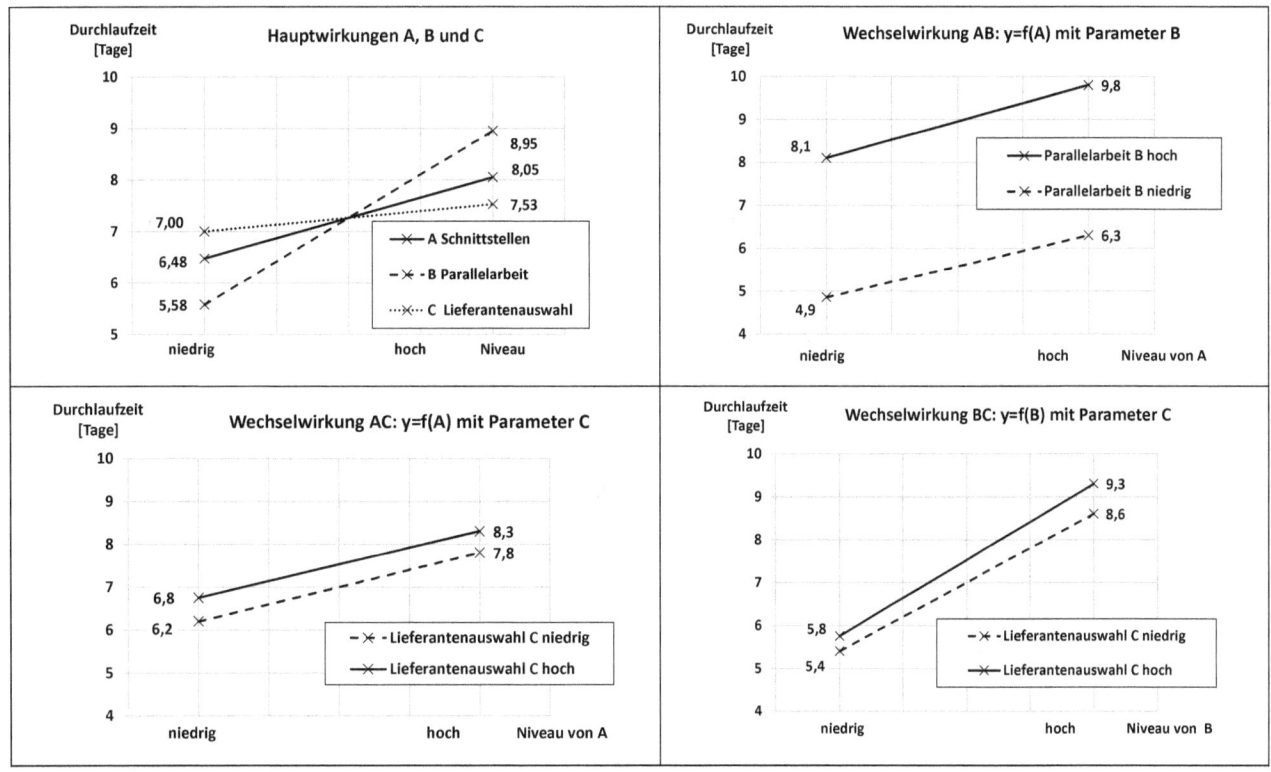

Abbildung 35: Grafische Darstellung der Wirkungen und 2fach-Wechselwirkungen des 2^3-Versuchsplans „Durchlaufzeit eines Angebots"

3. Schritt: Prüfung der Signifikanz der Wirkungen und Wechselwirkungen (Varianzanalyse mit F-Test)

Da die Quadratsummen SS_I aller Wechselwirkungen im Vergleich zu den Hauptwirkungen sehr kleine Werte aufweisen (Tabelle 49), werden diese zur Schätzung der Versuchsstreuung herangezogen:

$$SS_R = SS_{AB} + SS_{AC} + SS_{BC} + SS_{ABC}$$

Der Freiheitsgrad beträgt $f_R = f_{AB} + f_{AC} + f_{BC} + f_{ABC} = 1 + 1 + 1 + 1 = 4$

Das mittlere Quadrat wird dann:

$$MS_R = \frac{SS_{AB} + SS_{AC} + SS_{BC} + SS_{ABC}}{f_R} \approx \frac{0{,}031 + 0{,}001 + 0{,}061 + 0{,}031}{4} \approx 0{,}0313$$

Tabelle 49 enthält die damit berechneten F-Werte der Wirkungen. Aus der Tabelle der F-Verteilung bzw. aus einem Tabellenkalkulationsprogramm oder Statistiksoftware erhält man für den Grenzwert der F-Verteilung bei einer Sicherheitswahrscheinlichkeit von 95 %:

$$F_{1-\alpha}(1; f_R) = F_{0,95}(1; 4) \approx 7{,}71$$

Das Testergebnis lautet: Signifikant sind alle drei Hauptwirkungen. Allerdings spielt dabei die Wirkung B (Parallelarbeit von Planung und Einkauf) die größte Rolle. Die Simultanarbeit in diesen beiden Organisationseinheiten wirkt sich am stärksten auf die Verkürzung der Durchlaufzeiten von Angeboten aus.

Wirkung		Koeff. b_0 bis b_7	$SS_I = MS_I$	$F = MS_I/MS_R$	p-Wert	F-Test-Ergebnis
Bezeichnung	Durchlaufzeit [Tage]	7,263				
A	1,575	0,788	4,961	158,76	0,00023	signifikant
B	3,375	1,688	22,781	729,00	0,00001	signifikant
AB	0,125	0,062	0,031	1,00	0,37390	
C	0,525	0,263	0,551	17,64	0,01370	signifikant
AC	-0,025	-0,013	0,001	0,04	0,85124	
BC	0,175	0,088	0,061	1,96	0,23410	
ABC	0,125	0,062	0,031	1,00	0,37390	

Tabelle 49: Signifikanz der Wirkungen und Wechselwirkungen des 2^3-Versuchsplans „Durchlaufzeit eines Angebots"

4. Schritt: Vorhersagefunktion aufstellen

In der Vorhersagefunktion

$$y = b_0 + b_1 x_A + b_2 x_B + b_3 x_A x_B + b_4 x_C + b_5 x_A x_C + b_6 x_B x_C + b_7 x_A x_B x_C$$

werden die Koeffizienten der nicht signifikanten Wirkungen gleich Null gesetzt. Damit erhält man:

$$y = (7{,}263 + 0{,}788 \cdot x_A + 1{,}688 \cdot x_B + 0{,}263 \cdot x_C)\, Tage$$

Laut Aufgabenstellung soll die Durchlaufzeit für den Fall berechnet werden, dass alle drei Faktoren auf niedrigem Niveau sind. Das entspricht der Umsetzung der drei vorgeschlagenen Verbesserungsmaßnahmen. Mit den normierten Größen $x_A = x_B = x_C = -1$ erhält man aus der Vorhersagefunktion:

$$y = (7{,}263 - 0{,}788 - 1{,}688 - 0{,}263)\, \text{Tage} \approx 4{,}5\, \text{Tage}$$

Das Ergebnis lautet: Für die Durchlaufzeit des Angebotes werden 4,5 Tage prognostiziert. Im vorliegenden Fall hatte der Grundversuch (g) eine Durchlaufzeit von 4,6 Tagen ergeben. Das mathematische Modell für die Durchlaufzeit des Angebotsprozesses in Form der Vorhersagefunktion ist also offensichtlich ganz passabel.

3.7 Rechenschema für den 2^3-Versuchsplan

1. Schritt:	Versuche planen und durchführen

In diesem Rechenschema wird von einem vollständig ausgeführten 2^3-Versuchsplan mit acht Versuchen ausgegangen. Tabelle 50 zeigt die Faktorniveaus für die Versuche in Standardreihenfolge. Dort ist auch die Systematik erkennbar, wie der 2^3-Versuchsplan aus dem 2^2-Versuchsplan hervorgeht.

		I	A	B	AB	C	AC	BC	ABC
1	(g)	+	-	-	+	-	+	+	-
2	a	+	+	-	-	-	-	+	+
3	b	+	-	+	-	-	+	-	+
4	ab	+	+	+	+	-	-	-	-
5	c	+	-	-	+	+	-	-	+
6	ac	+	+	-	-	+	+	-	-
7	bc	+	-	+	-	+	-	+	-
8	abc	+	+	+	+	+	+	+	+

Tabelle 50: Das Vorzeichenschema für die acht Versuche des vollfaktoriellen 2^3-Versuchsplans in Standardreihenfolge

2. Schritt:	Berechnung und grafische Darstellung der Wirkungen und Wechselwirkungen

Die Berechnung der Wirkungen und Wechselwirkungen erfolgt anhand der Formeln in Spalte 1 von Tabelle 53.
Die Ordinaten der Punktepaare für die Grafiken der Wirkungen und Wechselwirkungen werden entsprechend Tabelle 51 bzw. Tabelle 52 berechnet.

Faktor-Niveau	Faktor A	Faktor B	Faktor C
−	$\frac{1}{4}((g) + b + c + bc)$	$\frac{1}{4}((g) + a + c + ac)$	$\frac{1}{4}((g) + a + b + ab)$
+	$\frac{1}{4}(a + ab + ac + abc)$	$\frac{1}{4}(b + ab + bc + abc)$	$\frac{1}{4}(c + ac + bc + abc)$

Tabelle 51: Berechnung der Punktepaare für die grafische Darstellung der Hauptwirkungen (Main Effects Plot)

	A	B	Start- und Endpunkte der Geraden
B niedrig	−	−	$\frac{1}{2}((g)+c)$
B niedrig	+	−	$\frac{1}{2}(a+ac)$
B hoch	−	+	$\frac{1}{2}(b+bc)$
B hoch	+	+	$\frac{1}{2}(ab+abc)$

y=f(A) mit Parameter B

	A	C	Start- und Endpunkte der Geraden
C niedrig	−	−	$\frac{1}{2}((g)+b)$
C niedrig	+	−	$\frac{1}{2}(a+ab)$
C hoch	−	+	$\frac{1}{2}(c+bc)$
C hoch	+	+	$\frac{1}{2}(ac+abc)$

y=f(A) mit Parameter C

	B	C	Start- und Endpunkte der Geraden
C niedrig	−	−	$\frac{1}{2}((g)+a)$
C niedrig	+	−	$\frac{1}{2}(b+ab)$
C hoch	−	+	$\frac{1}{2}(c+ac)$
C hoch	+	+	$\frac{1}{2}(bc+abc)$

y=f(B) mit Parameter C

Tabelle 52: Start- und Endpunkte für die Diagramme der Wechselwirkungen AB, AC und BC

3. Schritt: Prüfung der Signifikanz der Wirkungen und Wechselwirkungen (Varianzanalyse mit F-Test)

Wirkungen	Koeffizienten $b_0 = \bar{y}$	$MS_I = SS_I$	$F = \dfrac{MS_I}{MS_R}$	Wirkung signifikant wenn
$A = \dfrac{1}{4}(a + ab + ac + abc)$ $-\dfrac{1}{4}((g) + b + c + bc)$	$b_1 = \dfrac{A}{2}$	$2A^2$	$F_A = \dfrac{2A^2}{MS_R}$	$F_A > F_{1-\alpha}(1; f_R)$
$B = \dfrac{1}{4}(b + ab + bc + abc)$ $-\dfrac{1}{4}((g) + a + c + ac)$	$b_2 = \dfrac{B}{2}$	$2B^2$	$F_B = \dfrac{2B^2}{MS_R}$	$F_B > F_{1-\alpha}(1; f_R)$
$AB = \dfrac{1}{4}((g) + ab + c + abc)$ $-\dfrac{1}{4}(a + b + ac + bc)$	$b_3 = \dfrac{AB}{2}$	$2(AB)^2$	$F_{AB} = \dfrac{2(AB)^2}{MS_R}$	$F_{AB} > F_{1-\alpha}(1; f_R)$
$C = \dfrac{1}{4}(c + ac + bc + abc)$ $-\dfrac{1}{4}((g) + a + b + ab)$	$b_4 = \dfrac{C}{2}$	$2C^2$	$F_C = \dfrac{2C^2}{MS_R}$	$F_C > F_{1-\alpha}(1; f_R)$
$AC = \dfrac{1}{4}((g) + b + ac + abc)$ $-\dfrac{1}{4}(a + ab + c + bc)$	$b_5 = \dfrac{AC}{2}$	$2(AC)^2$	$F_{AC} = \dfrac{2(AC)^2}{MS_R}$	$F_{AC} > F_{1-\alpha}(1; f_R)$
$BC = \dfrac{1}{4}((g) + a + bc + abc)$ $-\dfrac{1}{4}(b + ab + c + ac)$	$b_6 = \dfrac{BC}{2}$	$2(BC)^2$	$F_{BC} = \dfrac{2(BC)^2}{MS_R}$	$F_{BC} > F_{1-\alpha}(1; f_R)$
$ABC = \dfrac{1}{4}(a + b + c + abc)$ $-\dfrac{1}{4}((g) + ab + ac + bc)$	$b_7 = \dfrac{ABC}{2}$	$2(ABC)^2$	$F_{ABC} = \dfrac{2(ABC)^2}{MS_R}$	$F_{ABC} > F_{1-\alpha}(1; f_R)$

Tabelle 53: Das Rechenschema mit Varianzanalyse für den 2^3-Versuchsplan
(Alternativ kann auch der p-Wert zur Signifikanzentscheidung herangezogen werden.
Signifikanz liegt vor, wenn $p < \alpha$ ist).

Die Quadratsummen SS_R (als Maß für die Versuchsstreuung/Fehlerabschätzung) sind entweder bekannt oder müssen aus den Versuchsergebnissen der nicht signifikanten Wirkungen gewonnen werden. Beim 2^3-Versuchsplan gibt es die 3-Faktor-Wechselwirkung ABC, die selten signifikant ist. Diese kann deshalb zusammen mit weiteren nicht signifikanten 2-Faktorwechselwirkungen zur Schätzung der Versuchsstreuung herangezogen werden (Pooling).

Die Berechnung der mittleren Quadrate erfolgt nach:

$$MS_R = \frac{SS_R}{f_R}$$

Für den F-Test ist festzulegen, mit welcher Sicherheitswahrscheinlichkeit $1 - \alpha$ (üblich: 95 % oder 90 %) getestet werden soll. Bitte beachten Sie, dass die Aussagekraft des F-Tests stark vom Freiheitsgrad f_R abhängt. Bei nur einfach (ohne Widerholungsversuche) ausgeführten Versuchsplänen mit nur zwei oder drei Faktoren und damit wenigen Freiheitsgraden zur Fehlerabschätzung wird die Signifikanzprüfung eventuell nicht hinreichend statistisch begründbar.

4. Schritt: Vorhersagefunktion aufstellen

$$y = \bar{y} + \frac{A}{2}x_A + \frac{B}{2}x_B + \frac{AB}{2}x_Ax_B + \frac{C}{2}x_C + \frac{AC}{2}x_Ax_C + \frac{BC}{2}x_Bx_C + \frac{ABC}{2}x_Ax_Bx_C$$

oder

$$y = b_0 + b_1 x_A + b_2 x_B + b_3 x_A x_B + b_4 x_C + b_5 x_A x_C + b_6 x_B x_C + b_7 x_A x_B x_C$$

Für nicht signifikante Wirkungen werden in diesen Funktionsgleichungen die entsprechenden Faktoren $b_1, b_2, \ldots b_7$ gleich Null gesetzt.

Für die unabhängigen Variablen x_A bis x_C wird die folgende Normierung vorgenommen:

$$x_A = \frac{A^* - \frac{1}{2}(A_2 + A_1)}{\frac{1}{2}(A_2 - A_1)} \quad x_B = \frac{B^* - \frac{1}{2}(B_2 + B_1)}{\frac{1}{2}(B_2 - B_1)} \quad x_C = \frac{C^* - \frac{1}{2}(C_2 + C_1)}{\frac{1}{2}(C_2 - C_1)}$$

x_A bis x_C sind die jeweils im Bereich von -1 bis +1 liegenden minimalen bzw. maximalen normierten Werte. A_1 bis C_1 und A_2 bis C_2 sind die physikalischen Faktorwerte des niedrigen bzw. des hohen Niveaus. A^* bis C^* sind die Faktoreinstellungen, wofür die zu erwartende Zielgröße y berechnet werden soll.

4 Versuchspläne mit mehr als drei Faktoren (Systematik von 2^k-Plänen)

In den vorangegangenen Kapiteln wurden 2^2- und 2^3-Versuchspläne anhand von Beispielen entwickelt und das analoge schrittweise Vorgehen erläutert. Die dabei gewonnenen Erkenntnisse sollen nun auf einen allgemeinen 2^k-Versuchsplan ausgeweitet werden.

Die Darstellung der Versuche erfolgt hier in der gewohnten Standardreihenfolge. Dies bedeutet aber nicht, dass die Versuche in dieser Reihenfolge durchgeführt werden sollen. Im Gegenteil: Die Reihenfolge der Versuche sollte zufällig sein, damit die Chance besteht, dass sich unbekannte Störgrößen kompensieren. Diese als Randomisierung bezeichnete Strategie wird in Kapitel 6 anhand eines Beispiels näher erläutert. Bis dahin wird aus Gründen der Übersichtlichkeit auf die Randomisierung verzichtet.

Die Regeln für die Vorzeichen der Versuchsergebnisse zur Berechnung der Wirkungen und Wechselwirkungen lauten wie folgt:

Hauptwirkungen   (Regel 1)

Versuchsergebnisse, deren Bezeichnungen den entsprechenden Faktornamen enthalten, gehen mit positivem Vorzeichen, die restlichen mit negativem Vorzeichen in die Berechnung der Wirkungen und Wechselwirkungen ein.

2-Faktor-Wechselwirkungen   (Regel 2)

Versuchsergebnisse, deren Bezeichnungen entweder beide entsprechende Faktornamen oder keinen der entsprechenden Faktornamen enthalten, gehen mit positivem Vorzeichen ein, die restlichen mit negativem Vorzeichen.

3-Faktor-Wechselwirkungen   (Regel 3)

Versuchsergebnisse, deren Bezeichnungen entweder einen oder alle drei entsprechenden Faktornamen enthalten, gehen mit positivem Vorzeichen ein, die restlichen mit negativem Vorzeichen.

Wechselwirkungen zwischen mehr als 3 Faktoren sind kaum signifikant. Falls die entsprechenden Versuche durchgeführt werden, sind die Versuchsergebnisse wie gezeigt zur Schätzung des Versuchsfehlers nützlich. Die Vorzeichen zur Berechnung von Mehrfach-Wechselwirkungen sind dem Vorzeichenschema (Tabelle 54) zu entnehmen, das im Folgenden näher erläutert wird.

Beim Übergang vom 2^2- zum 2^3-Versuchsplan kamen bedingt durch den zusätzlichen Faktor C vier neue Versuche *c, ac, bc* und *abc* hinzu. Die zugehörigen Vorzeichen für die Wirkungen A, B, und AB erhält man nach Regel 1. Sie sind identisch mit denen der Versuche *(g), a, b* und *ab*. Die Vorzeichen für die Wirkung C ergeben sich ebenfalls nach Regel 1, die der Wechselwirkungen AC, BC und ABC nach Regel 2 bzw. 3 oder einfach aus den Vorzeichen der Hauptwirkungen durch Anwendung der Multiplikationsregel.

Tabelle 54 enthält die Vorzeichen zur Berechnung aller Wirkungen und Wechselwirkungen für 2^2-, 2^3- und 2^4-Versuchspläne. Zu erkennen ist die Systematik, dass sich beim Übergang zum nächst höheren Versuchsplan ganze „Vorzeichenblöcke" wiederholen: Beispielsweise findet sich der durch *I/(g)* bis *AB/ab* gebildete Block noch dreimal (beginnend bei *I/c*, bei *I/d* und bei *I/cd*). Eine notwendige Bedingung für die Plausibilität der Matrix ist, dass die Spaltensummen (außer in Spalte *I*) alle gleich 0 sind.

	2^2				2^3								2^4			
	I	*A*	*B*	*AB*	*C*	*AC*	*BC*	*ABC*	*D*	*AD*	*BD*	*ABD*	*CD*	*ACD*	*BCD*	*ABCD*
(g)	+	−	−	+	−	+	+	−	−	+	+	−	+	−	−	+
a	+	+	−	−	−	−	+	+	−	−	+	+	+	+	−	−
b	+	−	+	−	−	+	−	+	−	+	−	+	+	−	+	−
ab	+	+	+	+	−	−	−	−	−	−	−	−	+	+	+	+
c	+	−	−	+	+	−	−	+	−	+	+	−	−	+	+	−
ac	+	+	−	−	+	+	−	−	−	−	+	+	−	−	+	+
bc	+	−	+	−	+	−	+	−	−	+	−	+	−	+	−	+
abc	+	+	+	+	+	+	+	+	−	−	−	−	−	−	−	−
d	+	−	−	+	−	+	+	−	+	−	−	+	−	+	+	−
ad	+	+	−	−	−	−	+	+	+	+	−	−	−	−	+	+
bd	+	−	+	−	−	+	−	+	+	−	+	−	−	+	−	+
abd	+	+	+	+	−	−	−	−	+	+	+	+	−	−	−	−
cd	+	−	−	+	+	−	−	+	+	−	−	+	+	−	−	+
acd	+	+	−	−	+	+	−	−	+	+	−	−	+	+	−	−
bcd	+	−	+	−	+	−	+	−	+	−	+	−	+	−	+	−
abcd	+	+	+	+	+	+	+	+	+	+	+	+	+	+	+	+

Tabelle 54: Das Vorzeichenschema zur Berechnung der Wirkungen für 2^2-, 2^3- und 2^4-Versuchspläne

Es gibt hier also eine Systematik für die blockweise Wiederholung von Vorzeichenkombinationen. Tabelle 55 zeigt diese bis zum 2^4-Versuchsplan. Sie kann durch folgende Regeln auf 2^k-Versuchspläne erweitert werden:

- Steht im Block ein negatives Vorzeichen, so haben alle Vorzeichen der Wirkungen dieses Blocks die negierten Vorzeichen des links angrenzenden Blocks.
- Steht im Block ein positives Vorzeichen, so sind alle Vorzeichen identisch mit denen des links angrenzenden Blocks.

Die Identitätsspalte ist jeweils in die Blockbetrachtung mit einzubeziehen.

Die Berechnung der Wirkungen und Wechselwirkungen erfolgt, indem die Versuchsergebnisse mit den Vorzeichen der entsprechenden Spalten versehen, addiert und gemittelt werden. Tabelle 56 zeigt dies am Beispiel der Wirkung A.

		2^2				2^3						2^4				
	I	A	B	AB	C	AC	BC	ABC	D	AD	BD	ABD	CD	ACD	BCD	ABCD
(g)	1	-1														
a	1	1														
b																
ab		+		+						−						
c																
ac																
bc		+				+										
abc																
d																
ad																
bd																
abd																
cd				+								+				
acd																
bcd																
abcd																

Tabelle 55: Die Systematik des Vorzeichenschemas, erweiterbar auf 2^k-Versuchspläne. Block mit -/+: Vorzeichen des links angrenzenden Blockes negieren bzw. übernehmen.

Wirkung A	$MS_A = SS_A$	Vers.-Plan
$A = \frac{1}{2}(a + ab)) - \frac{1}{2}((g) + b)$	A^2	2^2
$A = \frac{1}{4}(a + ab + ac + abc) - \frac{1}{4}((g) + b + c + bc)$	$2A^2$	2^3
$A = \frac{1}{8}(a + ab + ac + abc + ad + abd + acd + abcd)$ $- \frac{1}{8}((g) + b + c + bc + d + bd + cd + bcd)$	$4A^2$	2^4

Tabelle 56: Berechnung der Wirkungen und der mittleren Quadrate am Beispiel des Faktors A für 2^2-, 2^3- und 2^4-Versuchspläne

Die weiteren Schritte zur Prüfung der Signifikanz der Wirkungen und Wechselwirkungen sowie die Erstellung der Vorhersagefunktion erfolgen analog zum Vorgehen bei 2^2- und 2^3-Versuchsplänen. Sie werden anhand eines Zahlenbeispiels im folgenden Kapitel ausführlich erläutert.

In diesem Kapitel sollte nur die Systematik gezeigt werden, wie 2^k-Versuchspläne aufgebaut sind. In der praktischen Arbeit helfen DoE-Tools, denen diese Systematik und die Arithmetik zur Berechnung der Wirkungen etc. zugrunde liegt.

4.1 Ein 2^4-Versuchsplan am Beispiel „Destillatkonzentration"

Die Vorgehensweise bei einem vollständig ausgeführten 2^4-Versuchsplan und die notwendigen Formeln werden in diesem Kapitel schrittweise anhand eines Zahlenbeispiels erläutert. In Kapitel 4.3 wird dann das allgemeine Rechenschema vorgestellt.

Aufgabe: Destillatkonzentration

In einer Rektifikationskolonne[18] wird ein Zweistoffgemisch getrennt. Zielgröße ist die Destillatkonzentration, die anhand eines 2^4-Versuchsplan untersucht werden soll.
Es werden vier Einflussgrößen auf jeweils zwei Niveaus (siehe Tabelle 57) untersucht[19].

	Zielgröße: Konzentration [%]			Niveauwerte	
	Faktor	Maßeinheit	Art des Faktors	niedrig	hoch
A	Rücklaufverhältnis		quantitativ	3	4
B	Verdampferleistung	kcal/h	quantitativ	100.000	120.000
C	Zulaufkonzentration	%	quantitativ	30	40
D	Kühlmittelmenge	kg/h	quantitativ	350	400

Tabelle 57: Die Faktoren und deren Niveaus für den 2^4-Versuchsplan „Destillatkonzentration"

1. Schritt: Versuche planen und durchführen

Im vorliegenden Fall eines vollständig ausgeführten 2^4-Versuchsplanes wurden bei den 16 Versuchen Destillatkonzentrationen entsprechend Tabelle 58 ermittelt.

---

[18] Bei der Rektifikation (im einfachen Fall auch als Destillation bezeichnet) werden durch Erhitzen eines Stoffgemisches die enthaltenen Stoffe aufgrund ihrer unterschiedlichen Siedepunkte getrennt. Großtechnisch geschieht dies in Kolonnen mit Reaktorböden zur Ausleitung der Destillate auf verschiedenen Höhen.

[19] In Anlehnung an Engelmann, H.-D., Erdmann H.-H., Simmrock, K.H.: Planen und Auswerten von Versuchen

	Versuchsergebnisse [%]	Wirkungen		b_0 bis b_{15}	$SS_I = MS_I$
(g)	84,15			81,55	
a	82,00	A	3,20	1,60	40,96
b	75,50	B	-2,94	-1,47	34,52
ab	80,60	AB	2,04	1,02	16,61
c	83,70	C	2,40	1,20	23,04
ac	85,50	AC	1,55	0,78	9,61
bc	80,20	BC	0,84	0,42	2,81
abc	85,20	ABC	-0,49	-0,24	0,95
d	81,20	D	-1,11	-0,56	4,95
ad	81,60	AD	0,76	0,38	2,33
bd	77,25	BD	0,53	0,26	1,10
abd	80,50	ABD	-0,57	-0,29	1,32
cd	80,70	CD	-0,69	-0,34	1,89
acd	85,30	ACD	0,59	0,29	1,38
bcd	76,90	BCD	-0,73	-0,36	2,10
abcd	84,50	ABCD	0,52	0,26	1,10

Tabelle 58: Versuchsergebnisse, Wirkungen und Koeffizienten der Vorhersagefunktion des 2^4-Versuchsplans „Destillatkonzentration"

2. Schritt: Berechnung und grafische Darstellung der Wirkungen und Wechselwirkungen

Zur Berechnung der Wirkungen und Wechselwirkungen dient das Vorzeichenschema: Die 16 Versuchsergebnisse werden jeweils mit den Vorzeichen der entsprechenden Spalten der Tabelle 54 versehen, addiert und gemittelt.

Tabelle 58 zeigt außerdem die Koeffizienten der Vorhersagefunktion. Diese entsprechen den halben Wirkungen. Die letzte Spalte enthält die Quadratsummen als Vierfache der Quadrate der Wirkungen.

Zur anschaulichen grafischen Darstellung dienen die *Main Effects Plots* (Hauptwirkungen) und die *Interaction Plots* (Wechselwirkungen). Abbildung 36 zeigt die Plots für die Hauptwirkungen und die relativ starke Wechselwirkung *AB*.

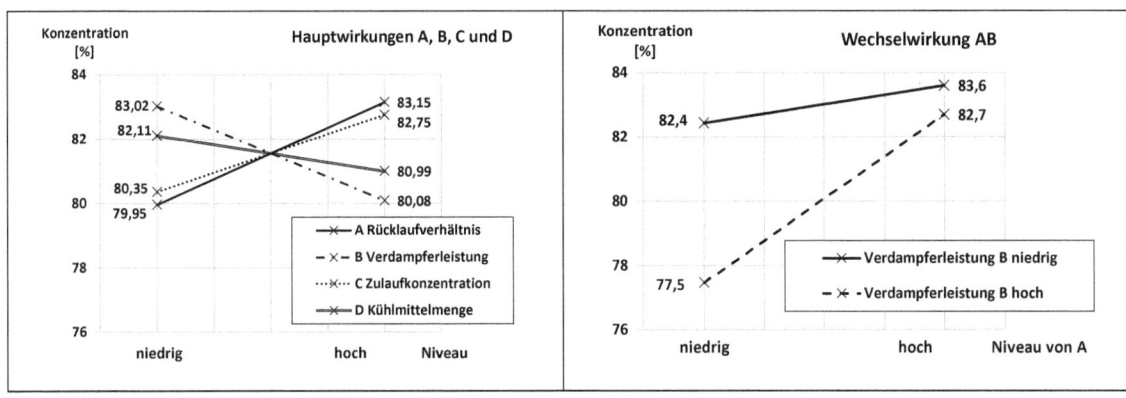

Abbildung 36: Hauptwirkungen und Wechselwirkung AB des 2^4-Versuchsplans „Destillatkonzentration"

3. Schritt: Prüfung der Signifikanz der Wirkungen und Wechselwirkungen (Varianzanalyse mit F-Test)

Im Folgenden werden nun schrittweise die (mutmaßlich) nicht signifikanten Mehrfach-Wechselwirkungen zur Abschätzung des Versuchsfehlers SS_R herangezogen.

Begonnen wird mit den Wechselwirkungen zwischen drei und vier Faktoren, die erfahrungsgemäß nicht als signifikant erwartet werden[20].

$$SS_R = SS_{ABC} + SS_{ABD} + SS_{ACD} + SS_{BCD} + SS_{ABCD} = 0{,}95 + 1{,}32 + 1{,}38 + 2{,}10 + 1{,}10 = 6{,}85$$

Der Freiheitsgrad beträgt: $\quad f_R = f_{ABC} + f_{ABD} + f_{ACD} + f_{BCD} + f_{ABCD} = 1 + 1 + 1 + 1 + 1 = 5$

Für das mittlere Quadrat erhält man: $\quad MS_R = \dfrac{SS_R}{f_R} = \dfrac{6{,}85}{5} = 1{,}37$

Damit ergeben sich die F-Werte entsprechend Tabelle 59, die mit dem Grenzwert der F-Verteilung $F_{0{,}95}(1;5) \approx 6{,}6$ zu vergleichen sind.

---

[20] In den folgenden Berechnungen wird der Übersichtlichkeit halber mit gerundeten Werten gearbeitet. Dies gilt auch für die Darstellung der Werte in den Tabellen.

Wirkungen	SS_I = MS_I	F=MS_I/MS_R	p-Wert
A	3,20	40,96	29,86	0,003
B	-2,94	34,52	25,16	0,004
AB	2,04	16,61	12,11	0,018
C	2,40	23,04	16,80	0,009
AC	1,55	9,61	7,01	0,046
BC	0,84	2,81	2,05	0,212
D	-1,11	4,95	3,61	0,116
AD	0,76	2,33	1,70	0,250
BD	0,53	1,10	0,80	0,411
CD	-0,69	1,89	1,38	0,293

Tabelle 59: F-Werte zum Test der Signifikanz der Wirkungen; die 3fach- und 4fach-Wechselwirkungen wurden zur Fehlerabschätzung herangezogen

Man sieht, dass die 2fach-Wechselwirkungen *BC, AD, BD* und *CD* beim Vergleich mit dem Grenzwert der Verteilung zum Ergebnis „nicht signifikant" führen werden. Sie werden deshalb im nächsten Schritt durch weiteres Pooling zusätzlich zu den Mehrfach-Wechselwirkungen zur besseren Abschätzung des Fehlers herangezogen.

$$SS_R \approx 6{,}85 + SS_{BC} + SS_{AD} + SS_{BD} + SS_{CD} = 6{,}85 + 2{,}81 + 2{,}33 + 1{,}10 + 1{,}89 = 14{,}98$$

Der Freiheitsgrad beträgt: $\quad f_R = 5 + f_{BC} + f_{AD} + f_{BD} + f_{CD} = 5 + 1 + 1 + 1 + 1 = 9$

Das mittlere Quadrat wird dann: $\quad MS_R = \frac{SS_R}{f_R} = \frac{14{,}98}{9} \approx 1{,}66$

Damit ergeben sich geänderte F-Werte der Wirkungen entsprechend Tabelle 60. Diese sind nun mit dem Grenzwert der F-Verteilung $F_{0,95}(1;9) \approx 5{,}12$ zu vergleichen.

Wirkungen	SS_I = MS_I	F=MS_I/MS_R	p-Wert
A	3,20	40,96	24,60	0,001
B	-2,94	34,52	20,73	0,001
AB	2,04	16,61	9,97	0,012
C	2,40	23,04	13,84	0,005
AC	1,55	9,61	5,77	0,040
D	-1,11	4,95	2,97	0,145

Tabelle 60: F-Werte zum Test der Signifikanz der Wirkungen; weitere 2fach-Wechselwirkungen wurden zur Fehlerabschätzung herangezogen

Der F-Wert der Hauptwirkung D führt zum Testergebnis „nicht signifikant". SS_D wird deshalb noch in die Fehlerabschätzung einbezogen:

$$SS_R \approx 14{,}98 + SS_D = 14{,}98 + 4{,}95 = 19{,}93$$

Der Freiheitsgrad beträgt: $\qquad f_R = 9 + f_D = 9 + 1 = 10$

Das mittlere Quadrat wird dann: $\qquad MS_R = \frac{SS_R}{f_R} = \frac{19{,}93}{10} \approx 1{,}99$

Damit ergeben sich die neuen F-Werte entsprechend Tabelle 61. Die in der letzten Spalte dargestellten Testergebnisse ergeben sich aus dem Vergleich mit dem Grenzwert $F_{0{,}95}(1; 10) \approx 4{,}96$.

Wirkungen	$SS_I = MS_I$	$F = MS_I/MS_R$	p-Wert	F-Test-Ergebnis
A	3,20	40,96	20,55	0,001	signifikant
B	-2,94	34,52	17,32	0,002	signifikant
AB	2,04	16,61	8,33	0,016	signifikant
C	2,40	23,04	11,56	0,007	signifikant
AC	1,55	9,61	4,82	0,053	

Tabelle 61: Testergebnisse zur Signifikanz der Wirkungen nach schrittweise verbesserter Fehlerabschätzung

Das Ergebnis dieses Versuchsplans lautet dann: Die Faktoren Rücklaufverhältnis A, Verdampferleistung B und Zulaufkonzentration C haben signifikante Auswirkung auf die Zielgröße Destillatkonzentration. Dagegen ist ein Einfluss der Kühlmittelmenge D weder als Hauptwirkung noch als Beitrag zu einer Wechselwirkung anzunehmen. Zudem ist an der signifikanten Wechselwirkung AB zu erkennen, dass sich Rücklaufverhältnis und Verdampferleistung in ihrer Wirkung wechselseitig beeinflussen. Die Wechselwirkung AC ist beim Test knapp „durchgefallen". Bei rein mathematischer Betrachtung der vorliegenden Daten darf sie nicht in die Vorhersagefunktion aufgenommen werden. Ihr tatsächlicher Einfluss muss dann im Zweifelsfall aus Kenntnis der chemischen und physikalischen Eigenschaften des Rektifikationsprozesses und der Anlage beurteilt werden.

4. Schritt: Vorhersagefunktion aufstellen

Die allgemeine Vorhersagefunktion für 2^4-Versuchspläne lautet:

$$y = b_0 + b_1 x_A + b_2 x_B + b_3 x_A x_B + b_4 x_C + b_5 x_A x_C + b_6 x_B x_C + b_7 x_A x_B x_C +$$

$$b_8 x_D + b_9 x_A x_D + b_{10} x_B x_D + b_{11} x_A x_B x_D + b_{12} x_C x_D + b_{13} x_A x_C x_D + b_{14} x_B x_C x_D + b_{15} x_A x_B x_C x_D$$

Für das vorliegende Beispiel lautet nun die Vorhersagefunktion unter Berücksichtigung der signifikanten Wirkungen und der Wechselwirkung *AB*:

$$y = b_0 + b_1 x_A + b_2 x_B + b_3 x_A x_B + b_4 x_C = 81{,}55 + 1{,}60 x_A - 1{,}47 x_B + 1{,}02 x_A x_B + 1{,}20 x_C$$

Die Koeffizienten entsprechen wie bei den 2^2- und 2^3-Plänen den halben Werten der Wirkungen und sind Tabelle 58 zu entnehmen.

Eine **Aufgabe** soll nun sein, für die folgende Faktorkombination die zu erwartende Zielgröße zu berechnen:

Rücklaufverhältnis A: 3,8 $\quad x_A = \frac{A^* - \frac{1}{2}(A_2 + A_1)}{\frac{1}{2}(A_2 - A_1)} = \frac{3{,}8 - \frac{1}{2}(4+3)}{\frac{1}{2}(4-3)} = 0{,}60$

Verdampferleistung B: 112.000 kcal/h $\quad x_B = \frac{B^* - \frac{1}{2}(B_2 + B_1)}{\frac{1}{2}(B_2 - B_1)} = \frac{112.000 - \frac{1}{2}(120.000 + 110.000)}{\frac{1}{2}(120.000 - 110.000)} = 0{,}20$

Zulaufkonzentration C: 34 % $\quad x_C = \frac{C^* - \frac{1}{2}(C_2 + C_1)}{\frac{1}{2}(C_2 - C_1)} = \frac{34 - \frac{1}{2}(40+30)}{\frac{1}{2}(40-30)} = -0{,}20$.

Die Zielgröße *y* berechnet sich wie folgt:

$$y = \left(81{,}55 + 1{,}60 \cdot 0{,}6 - 1{,}47 \cdot 0{,}2 + 1{,}02 \cdot 0{,}6 \cdot 0{,}2 + 1{,}20 \cdot (-0{,}2)\right) \% \approx 82{,}1 \%$$

Ergebnis: Es wird eine Destillatkonzentration von 82,1 % erwartet.

4.2 Mehrfachausführung von Versuchsplänen

Im vorangegangenen Beispiel des 2^4-Versuchsplans hatten sich die Wirkung *D* und abgeleitete Wechselwirkungen als nicht signifikant erwiesen: der beobachtete Unterschied der Versuchsergebnisse bei kleiner und großer Kühlwassermenge *D* wurde durch zufällige Einflüsse (Versuchsfehler) erklärt. Demnach stellen beispielsweise die Versuche *a* und *ad* eine doppelte Messung dar. In beiden Fällen ist A auf hohem Niveau und B sowie C auf niedrigem Niveau. Und so verhält es sich auch mit allen anderen Versuchsergebnissen, bei denen *d* auf hohem Niveau war. Diese Versuchsergebnisse können als jeweils zweite Werte den Versuchen *(g)* bis *abc* zugeordnet. Entsprechend der 3. Spalte in Tabelle 62 werden dann die Mittelwerte gebildet. So wird aus dem ursprünglichen 2^4- ein 2^3-Versuchsplan, der doppelt ausgeführt wurde.

y_1	y_2	$\bar{y}_{12}$
(g)	d	$\overline{(g)} = \frac{(g)+d}{2}$
a	ad	$\bar{a} = \frac{a+ad}{2}$
b	bd	$\bar{b} = \frac{b+bd}{2}$
ab	abd	$\overline{ab} = \frac{ab+abd}{2}$
c	cd	$\bar{c} = \frac{c+cd}{2}$
ac	acd	$\overline{ac} = \frac{ac+acd}{2}$
bc	bcd	$\overline{bc} = \frac{bc+bcd}{2}$
abc	abcd	$\overline{abc} = \frac{abc+abcd}{2}$

Tabelle 62: Die nicht benötigten Versuchsergebnisse mit Faktor D auf hohem Niveau (Spalte y_2) eines 2^4-Versuchsplans werden für einen doppelt ausgeführten 2^3-Versuchsplan verwendet

Die 16 vorliegenden Versuchsergebnisse lassen sich als doppelte Messungen bei den 8 Niveaukombinationen der drei wirksamen Faktoren auffassen: Durch die größere Zahl der Versuche gegenüber einem nicht wiederholten Plan ist eine bessere Schätzung des Versuchsfehlers möglich, wodurch die Signifikanzprüfung (F-Test) empfindlicher wird.

Tabelle 63 zeigt anhand des Zahlenbeispiels des vorigen Kapitels die Zuordnung der Versuchsergebnisse y_2, bei denen Faktor *D* auf hohem Niveau war, zu den Versuchen *(g)* bis *abc* und die dann gebildeten Mittelwerte $\bar{y}_{12}$.

	Destillatkonzentrationen [%]		
	y_1	y_2	$\bar{y}_{12}$
(g)	84,15	81,20	82,675
a	82,00	81,60	81,800
b	75,50	77,25	76,375
ab	80,60	80,50	80,550
c	83,70	80,70	82,200
ac	85,50	85,30	85,400
bc	80,20	76,90	78,550
abc	85,20	84,50	84,850

Tabelle 63: Ein doppelt ausgeführter 2^3-Versuchsplan „Destillatkonzentration" (Siehe Tabelle 58)

Zur Berechnung der Wirkungen und Wechselwirkungen werden nun die Mittelwerte $\bar{y}_{12}$ verwendet. Beispielsweise gilt dann für die Hauptwirkung A:

$$A = A_{hoch} - A_{niedrig} = \frac{1}{4}(\bar{a} + \overline{ab} + \overline{ac} + \overline{abc}) - \frac{1}{4}(\overline{(g)} + \bar{b} + \bar{c} + \overline{bc})$$
$$= \frac{1}{4}(81,8 + 80,55 + 85,4 + 84,85) - \frac{1}{4}(82,675 + 76,375 + 82,2 + 78,55) = 3,2$$

Die berechneten Wirkungen und Wechselwirkungen stimmen erwartungsgemäß mit denen des ursprünglichen 2^4-Versuchsplans des vorigen Kapitels überein, da ja dieselben Versuchswerte in die Berechnung eingehen.

Tabelle 64 zeigt die Wirkungen und Wechselwirkungen und die zugehörigen Quadratsummen für den F-Test. Die mittleren Abweichungsquadrate SS_I werden wieder nach der Beziehung

$$SS_{Wirkung} = \frac{N}{4}(Wirkung)^2$$

berechnet. Zu beachten ist, dass N die Anzahl der Versuche ist. Mit N=16 gilt dann:

$$SS_A = \frac{16}{4}A^2 = 4A^2 \qquad SS_B = 4B^2, \qquad ..., \qquad SS_{ABC} = 4(ABC)^2$$

Die Anzahl der Freiheitsgrade pro Wirkung beträgt wieder 1. Es wurde ja auch hier die Differenz von zwei Messwerten gebildet - in diesem Fall eben von zwei Mittelwerten.

Somit gilt auch hier die Beziehung

$$MS_I = \frac{SS_I}{f_I} = SS_I$$

Die Werte entsprechen denjenigen des 2^4-Plans (siehe Tabelle 58).

Wirkungen		$SS_I = MS_I$
A	3,20	40,96
B	-2,94	34,52
AB	2,04	16,61
C	2,40	23,04
AC	1,55	9,61
BC	0,84	2,81
ABC	-0,49	0,95

Tabelle 64: Wirkungen, Wechselwirkungen und mittlere Abweichungsquadrate des doppelt ausgeführten 2^3-Versuchsplans „Destillatkonzentration"

Die Abschätzung des Versuchsfehlers erfolgt wieder über die Summe der Abweichungsquadrate. Interessant ist ja, wie groß die Streuungen jeweils zwischen den Versuchsergebnissen y_1 und denen der Versuchswiederholungen y_2 sind. In diesem speziellen Fall mit jeweils zwei Werten pro Versuch ist folgende Berechnung pro Wertepaar y_1 und y_2 vorzunehmen:

$$\text{Quadratische Abweichung zweier Werte} = \frac{1}{2}(y_1 - y_2)^2$$

Als Summe der acht Abweichungsquadrate ergibt sich dann mit den Zahlenwerten aus Tabelle 63:

$$SS_R = \frac{1}{2}[(84{,}15 - 81{,}2)^2 + (82 - 81{,}6)^2 + \cdots + (85{,}2 - 84{,}5)^2] \approx 16{,}18$$

Mit den acht Freiheitsgraden ergibt dies

$$MS_R = \frac{SS_R}{f_R} = \frac{16{,}18}{8} \approx 2{,}02$$

Um die Versuchsstreuung noch besser abzuschätzen, können weitere mittlere Quadrate hinzugenommen werden, die in der Größenordnung von MS_R liegen. Dies trifft insbesondere für die Wechselwirkung ABC zu, deren mittleres Quadrat mit 0,95 einen kleinen Wert aufweist. Die Wechselwirkung BC mit dem mittleren Quadrat 2,81 käme aus statistischer Sicht auch noch für die Schätzung der Versuchsstreuung in Betracht. Aus physikalischen Überlegungen heraus (Verdacht auf verdeckte Wirkung) wird sie in diesem Fall nicht in die Schätzung einbezogen.

Die um das mittlere Quadrat der Wirkung ABC ergänzte neue Schätzung ergibt:

$$MS_R = \frac{16{,}18 + 0{,}95}{8 + 1} \approx 1{,}90$$

Mit diesem Wert wird nun der F-Test zur Signifikanzprüfung der Wirkungen durchgeführt ($\alpha = 5\,\%$). Als Grenzwert der F-Verteilung erhält man $F_{0,95}(1; 9) \approx 5{,}12$.

Tabelle 65 zeigt als Ergebnis, dass die Wirkungen A bis C sowie die Wechselwirkung AB signifikant sind.

Wirkungen		Koeffizienten 81,550	$SS_I = MS_I$	$F = MS_I/MS_R$	p-Wert	F-Test-Ergebnis
A	3,20	1,600	40,96	21,52	0,001	signifikant
B	-2,94	-1,469	34,52	18,14	0,002	signifikant
AB	2,04	1,019	16,61	8,73	0,016	signifikant
C	2,40	1,200	23,04	12,11	0,007	signifikant
AC	1,55	0,775	9,61	5,05	0,051	
BC	0,84	0,419	2,81	1,47	0,256	

Tabelle 65: Wirkungen, Wechselwirkungen, Koeffizienten und F-Test-Ergebnisse zum doppelt ausgeführten 2^3-Versuchsplan „Destillatkonzentration"

Dieses Ergebnis ist identisch mit dem des 2^4-Versuchsplans des vorigen Kapitels. Die Schätzung der Versuchsstreuung ist unwesentlich verändert gegenüber der ursprünglichen. Auch die Vorhersagefunktion ist damit identisch mit der aus dem vorigen Kapitel. Der F-Wert der Wechselwirkung AC liegt nur knapp unter dem Grenzwert der F-Verteilung. Die Zahlen-basierte Beurteilung der Wirkung kommt zum Ergebnis „nicht signifikant". Wäre aber der F-Test beispielsweise mit einer Sicherheitswahrscheinlichkeit von 90 % durchgeführt worden, so wäre AC als „signifikant" beurteilt worden. Deshalb sollte bei knappem Testausgang in jedem Fall die Plausibilität der Ergebnisse anhand der Kenntnisse des Prozesses oder des Systems überprüft werden.

Mit diesem Beispiel sollte gezeigt werden, wie die als nicht signifikant eingestuften Wirkungen des 2^4-Versuchsplans im doppelt ausgeführten 2^3-Versuchsplan zur verbesserten Schätzung der Versuchsstreuung genutzt werden können.

Die mindestens doppelte Ausführung eines Versuchsplans hat sich in der Praxis sehr bewährt. Für die n-fache Ausführung von Versuchsplänen mit zwei Niveaus gilt:

- Die Wirkungen werden aus den Mittelwerten der Ergebnisse pro Faktorkombination berechnet.
- Die Summen der Abweichungsquadrate SS_I der Wirkungen berechnen sich nach

$$SS_{Wirkung} = \frac{N}{4}(Wirkung)^2$$

Dabei ist N die Gesamtanzahl der durchgeführten Versuche.

- Zur Schätzung der Versuchsstreuung eignen sich die jeweiligen Abweichungsquadrate der zu einer Faktorkombination gehörenden Versuchsergebnisse. Diese werden summiert. Die Anzahl der Freiheitsgrade zur Berechnung der mittleren Quadrate MS_R entspricht der Anzahl der zur Summe der Abweichungsquadrate herangezogenen Werte.

4.2.1 Ein 2^4-Versuchsplan (doppelt, randomisiert) am Beispiel „Reißfestigkeit von Baumwollgewebe"

Das im Folgenden behandelte Beispiel stellt einen vollständig ausgeführten 2^4-Versuchsplan dar. Vollständig ausgeführt heißt, dass es für alle 16 Niveaukombinationen Versuchsergebnisse gibt. Durch zweimalige Ausführung jedes Versuches auf jeder Niveaukombination gibt es pro Niveaukombination 2 Versuche, mit deren Mittelwerten, wie im vorigen Kapitel gezeigt, gerechnet wird.

Eine zusätzliche wichtige strategische Komponente wird hier noch eingebracht, indem 16 Versuche nicht etwa zweimal in der Standard-Reihenfolge *(g)* bis *abcd* durchgeführt werden. Vielmehr wird eine zufällige Reihenfolge der Versuche erzwungen. Dies wird als Randomisierung bezeichnet. Der große Vorteil randomisierter Versuchspläne ist, dass dabei Einflüsse unbekannter Störgrößen zufällig gestreut werden und sich damit kompensieren können. Sollte beispielsweise der Luftdruck in der Versuchsanlage eine dieser unbekannten Störgrößen sein, die sich bei einer Niveaukombination besonders stark auswirkt, so hat man mit den zugehörigen zwei Versuchen, die beispielsweise an verschiedenen Tagen durchgeführt werden, die Chance zur teilweisen Kompensation dieses Einflusses.

Beispiel: Reißfestigkeit von Baumwollgewebe

Baumwollgewebe werden unter Verwendung eines Katalysators und eines Vernetzers veredelt. Als Zielgröße wurde die Reißfestigkeit anhand eines doppelt ausgeführten 2^4-Versuchsplans untersucht. Einflussfaktoren waren die Vernetzermenge A, die Katalysatormenge B, die Kondensationstemperatur C und die Kondensationszeit D, die auf den Niveaus entsprechend Tabelle 66 eingestellt waren[21].

	Zielgröße: Reißfestigkeit [N]			Niveauwerte	
	Faktor	Maßeinheit	Art des Faktors	niedrig	hoch
A	Vernetzermenge	g/L	quantitativ	100	150
B	Katalysatormenge	g/L	quantitativ	5	10
C	Kondensationstemperatur	°C	quantitativ	160	170
D	Kondensationszeit	min	quantitativ	3	5

Tabelle 66: Einflussfaktoren und deren Niveaus für den 2^4-Versuchsplan „Reißfestigkeit"

1. Schritt: Versuche planen und durchführen

Tabelle 67 zeigt die Messwerte zu den in randomisierter Reihenfolge durchgeführten Versuchen. In Tabelle 68 sind die Werte in Standardreihenfolge dargestellt. Die jeweiligen Mittelwerte $\bar{y}_{12}$ befinden sich in der letzten Spalte. Nach dieser wird der Versuchsplan durchgerechnet.

---

[21] In Anlehnung an Petersen, Harro: Grundlagen der Statistik und der statistischen Versuchsplanung

Versuchs-Nr.	Bez.	Reißfestigkeit [N]
1	ad	382
2	ab	344
3	b	430
4	cd	391
5	bd	374
6	b	369
7	bd	383
8	(g)	421
9	acd	349
10	bcd	325
11	a	418
12	abc	285
13	abcd	278
14	d	420
15	c	419
16	(g)	450
17	abc	336
18	c	380
19	d	404
20	ad	381
21	acd	358
22	cd	390
23	bc	326
24	abcd	242
25	abd	300
26	ac	375
27	bc	314
28	bcd	325
29	ac	369
30	abd	270
31	a	413
32	ab	342

Tabelle 67: Die gemessenen Zielgrößen des doppelt ausgeführten 2^4-Versuchsplans „Reißfestigkeit" in der randomisierten Reihenfolge

	y_1	y_2	$\bar{y}_{12}$
(g)	421	450	435,5
a	418	413	415,5
b	430	369	399,5
ab	344	342	343,0
c	419	380	399,5
ac	375	369	372,0
bc	326	314	320,0
abc	285	336	310,5
d	420	404	412,0
ad	382	381	381,5
bd	374	383	378,5
abd	300	270	285,0
cd	391	390	390,5
acd	349	358	353,5
bcd	325	325	325,0
abcd	278	242	260,0

Tabelle 68: Die Mittelwerte $\bar{y}_{12}$ der gemessenen Zielgrößenpaare des doppelt ausgeführten 2^4-Versuchsplans „Reißfestigkeit" in Standardreihenfolge

2. und 3. Schritt: Wirkungen/Wechselwirkungen berechnen und auf Signifikanz prüfen

Als Berechnungsgrundlage für die Wirkungen, Wechselwirkungen etc. in Tabelle 69 dienen die Mittelwerte $\bar{y}_{12}$. Die Formeln hierfür wurden in den vorangegangenen Kapiteln hergeleitet. Im folgenden Kapitel sind sie für den 2^4-Plan nochmals übersichtlich zusammengestellt.

Zu beachten ist, dass die mittleren Abweichungsquadrate wieder nach der Beziehung

$$SS_{Wirkung} = \frac{N}{4}(Wirkung)^2$$

berechnet werden, wobei N die Anzahl der Versuche ist. Mit $N=32$ ergibt sich:

$$SS_A = \frac{32}{4}A^2 = 8A^2, \quad SS_B = 8B^2, \quad ..., \quad SS_{ABCD} = 8(ABCD)^2$$

Die Abweichungsquadrate zur Schätzung der Versuchsstreuung werden, wie im vorigen Beispiel gezeigt, aus den Wertepaaren y_1 und y_2 berechnet. Für das vorliegende Zahlenmaterial (Tabelle 68) ergibt sich:

$$SS_R = \frac{1}{2}[(421-450)^2 + (418-413)^2 + \cdots + (278-242)^2] = 5754,50$$

Wirkungen		Koeffizienten 361,34	$SS_i = MS_i$	$F = MS_i/MS_R$	p-Wert	F-Test-Ergebnis
A	-42,44	-21,22	14 407,53	40,059	0,00001002	signifikant
B	-67,31	-33,66	36 247,78	100,785	0,00000003	signifikant
AB	-13,69	-6,84	1 498,78	4,167	0,05806180	
C	-39,94	-19,97	12 760,03	35,478	0,00002012	signifikant
AC	7,69	3,84	472,78	1,315	0,26843270	
BC	-7,69	-3,84	472,78	1,315	0,26843270	
ABC	11,19	5,59	1 001,28	2,784	0,11465801	
D	-26,19	-13,09	5 486,28	15,254	0,00125866	signifikant
AD	-14,06	-7,03	1 582,03	4,399	0,05220752	
BD	-4,94	-2,47	195,03	0,542	0,47215263	
ABD	-9,06	-4,53	657,03	1,827	0,19530314	
CD	7,94	3,97	504,03	1,401	0,25377512	
ACD	-2,19	-1,09	38,28	0,106	0,74846438	
BCD	0,44	0,22	1,53	0,004	0,94878342	
ABCD	-2,44	-1,22	47,53	0,132	0,72096427	

Tabelle 69: Auswertung des 2^4-Versuchsplans „Reißfestigkeit" ($MS_R = 359,66$)

Mit den 16 Freiheitsgraden ergibt sich die mittlere quadratische Abweichung als Maß für die Versuchsstreuung: $MS_R = \frac{SS_R}{f_R} = \frac{5754,5}{16} \approx 359,66$

Damit können die Prüfgrößen für den F-Test berechnet werden. Als Grenzwert der F-Verteilung ergibt sich für $\alpha = 5\,\%$:

$$F_{0,95}(1; 16) \approx 4,49$$

Aus Tabelle 69 ist abzulesen, dass nur die Hauptwirkungen A, B, C und D signifikant sind. Alle Wechselwirkungen sind nicht signifikant. Ihre Werte werden im nächsten Schritt zur Verbesserung der Schätzung des Versuchsfehlers herangezogen. Allerdings soll die Wechselwirkung AD, deren F-Wert sehr nahe am Grenzwert liegt, weiterhin „im Rennen" bleiben.

Der neue mittlere Wert für die Summe der Abweichungsquadrate lautet:

$$MS_R = \frac{5754,5 + SS_{AB} + SS_{AC} + SS_{BC} + SS_{ABC} + SS_{BD} + SS_{ABD} + SS_{CD} + SS_{ACD} + SS_{BCD} + SS_{ABCD}}{16 + 10} \approx$$

$$\frac{10643,56}{26} \approx 409,37$$

Damit ergeben sich die neuen F-Werte entsprechend Tabelle 70. Der Grenzwert der F-Verteilung ist dann $F_{0,95}(1; 26) \approx 4,23$.

Wirkungen	Koeffizienten		$SS_I = MS_I$	$F = MS_I/MS_R$	p-Wert	F-Test-Ergebnis
		361,34				
A	-42,44	-21,22	14407,53	35,195	0,000002931	signifikant
B	-67,31	-33,66	36247,78	88,546	0,000000001	signifikant
C	-39,94	-19,97	12760,03	31,170	0,000007266	signifikant
D	-26,19	-13,09	5486,28	13,402	0,001124794	signifikant
AD	-14,06	-7,03	1582,03	3,865	0,060079996	

Tabelle 70: Auswertung des 2^4-Versuchsplans „Reißfestigkeit" ($MS_R = 409,37$)

Für die Wechselwirkung AD lautet das Testergebnis: „Nicht signifikant". Es bleibt also beim Ergebnis des Versuchsplans: Die Hauptwirkungen A bis D sind signifikant.

4. Schritt: Vorhersagefunktion aufstellen

Die Vorhersagefunktion lautet unter Berücksichtigung der signifikanten Wirkungen:

$$y = b_0 + b_1 x_A + b_2 x_B + b_3 x_C + b_4 x_D = 361,34 - 21,22 x_A - 33,66 x_B - 19,97 x_C - 13,09 x_D$$

4.3 Rechenschema für den 2^4-Versuchsplan

In diesem Kapitel ist die schrittweise Planung und Auswertung eines 2^4-Versuchsplans als Übersicht für einen vollfaktoriellen Versuchsplan mit 16 Versuchen dargestellt. In der Praxis wird man durch DoE-Tools bei der Planung der Versuche unterstützt, indem Versuchsvarianten und -strategien angeboten werden. Die Rechenarbeit und die grafische Darstellung der Ergebnisse wird komplett durch die DoE-Tools erledigt. Allerdings setzt die Parametrierung der Tools die Kenntnisse voraus, die mit diesem Buch vermittelt werden sollen.

1. Schritt:	Versuche planen und durchführen

Die Planungsarbeit eines Versuches beschränkt sich auf eine praktikable Festlegung der Niveaus der Faktoren. Hierzu sind Kenntnisse des zu untersuchenden Systems oder Prozesses notwendig.

Die Faktoren und deren Niveaus sind in die Statistiksoftware einzugeben und die Versuche in der vorgeschlagenen randomisierten Reihenfolge durchzuführen. Die Versuchsergebnisse werden dann eingegeben und die gewünschten arithmetischen und grafischen Auswertungen angestoßen.

2. Schritt:	Berechnung und grafische Darstellung der Wirkungen und Wechselwirkungen

Der Berechnung der Wirkungen und Wechselwirkungen liegt das bekannte Vorzeichenschema (Tabelle 54) zugrunde. Die ermittelten 16 Versuchsergebnisse werden jeweils mit den Vorzeichen der entsprechenden Spalten versehen und addiert.

Zur anschaulichen grafischen Darstellung dienen die Wirkungsdiagramme für die Hauptwirkungen und die 2fach-Wechselwirkungen. Die Berechnungen der Start- und Endpunkte der Geraden zeigen Tabelle 71 bzw. Tabelle 72.

Faktor-Niveau	Start- und Endpunkt für Faktor A	Start- und Endpunkt für Faktor B
−	$\frac{1}{8}((g) + b + c + bc + d + bd + cd + bcd)$	$\frac{1}{8}((g) + a + c + ac + d + ad + cd + acd)$
+	$\frac{1}{8}(a + ab + ac + abc + ad + abd + acd + abcd)$	$\frac{1}{8}(b + ab + bc + abc + bd + abd + bcd + abcd)$

Faktor-Niveau	Start- und Endpunkt für Faktor C	Start- und Endpunkt für Faktor D
−	$\frac{1}{8}((g) + a + b + ab + d + ad + bd + abd)$	$\frac{1}{8}((g) + a + b + ab + c + ac + bc + abc)$
+	$\frac{1}{8}(c + ac + bc + abc + cd + acd + bcd + abcd)$	$\frac{1}{8}(d + ad + bd + abd + cd + acd + bcd + abcd)$

Tabelle 71: Berechnung der Punktepaare für die grafische Darstellung der vier Hauptwirkungen

	A	B	Mittlere Wirkung
B niedrig	−	−	$\frac{1}{4}((g) + c + d + cd)$
	+		$\frac{1}{4}(a + ac + ad + acd)$
B hoch	−	+	$\frac{1}{4}(b + bc + bd + bcd)$
	+		$\frac{1}{4}(ab + abc + abd + abcd)$
			y=f(A) mit Parameter B

	A	C	Mittlere Wirkung
C niedrig	−	−	$\frac{1}{4}((g) + b + d + bd)$
	+		$\frac{1}{4}(a + ab + ad + abd)$
C hoch	−	+	$\frac{1}{4}(c + bc + cd + bcd)$
	+		$\frac{1}{4}(ac + abc + acd + abcd)$
			y=f(A) mit Parameter C

	B	C	Mittlere Wirkung
C niedrig	−	−	$\frac{1}{4}((g) + a + d + ad)$
	+		$\frac{1}{4}(b + ab + bd + abd)$
C hoch	−	+	$\frac{1}{4}(c + ac + cd + acd)$
	+		$\frac{1}{4}(bc + abc + bcd + abcd)$
			y=f(B) mit Parameter C

	A	D	Mittlere Wirkung
D niedrig	−	−	$\frac{1}{4}((g) + b + c + bc)$
	+		$\frac{1}{4}(a + ab + ac + abc)$
D hoch	−	+	$\frac{1}{4}(d + bd + cd + bcd)$
	+		$\frac{1}{4}(ad + abd + acd + abcd)$
			y=f(A) mit Parameter D

	B	D	Mittlere Wirkung
D niedrig	−	−	$\frac{1}{4}((g) + a + c + ac)$
	+		$\frac{1}{4}(b + ab + bc + abc)$
D hoch	−	+	$\frac{1}{4}(d + ad + cd + acd)$
	+		$\frac{1}{4}(bd + abd + bcd + abcd)$
			y=f(B) mit Parameter D

	C	D	Mittlere Wirkung
D niedrig	−	−	$\frac{1}{4}((g) + a + b + ab)$
	+		$\frac{1}{4}(c + ac + bc + abc)$
D hoch	−	+	$\frac{1}{4}(d + ad + bd + abd)$
	+		$\frac{1}{4}(cd + acd + bcd + abcd)$
			y=f(C) mit Parameter D

Tabelle 72: Start- und Endpunkte für die Diagramme der 2fach-Wechselwirkungen AB, AC, BC, AD, BD und CD

3. Schritt: Prüfung der Signifikanz der Wirkungen und Wechselwirkungen (Varianzanalyse mit F-Test)

Als Maß für die Versuchsstreuung (Fehlerabschätzung) werden die Versuchsergebnisse herangezogen, deren Wirkungen nicht signifikant sind. Es gilt:

$$SS_I = \frac{N}{4} \cdot (\text{Wirkung})^2.$$

Im vorliegenden Fall mit *N=16* Versuchen ergibt sich:

$$SS_A = \frac{16}{4} \cdot A^2, SS_B = 4 \cdot B^2, \ldots, SS_{ABCD} = 4 \cdot (ABCD)^2$$

Im Poolingverfahren werden die Quadratsummen SS_I „schwacher" Wechselwirkungen zu SS_R aufsummiert. Der Versuchsfehler berechnet sich dann als Mittelwert dieser Summe:

$$MS_R = \frac{SS_R}{f_R}$$

Der Freiheitsgrad f_R entspricht dabei der Anzahl der in die Berechnung von SS_R einbezogenen Werte:

Für den F-Test ist festzulegen, mit welcher Sicherheitswahrscheinlichkeit $1 - \alpha$ der F-Test durchgeführt werden soll. In der Praxis wird am häufigsten mit 95 % (seltener 90 %) getestet. Falls die Entscheidungsschärfe des F-Tests aufgrund zu grober Schätzung des Versuchsfehlers (wenig Freiheitsgrade) zu gering ist, sollten Wiederholungsversuche gefahren werden.

4. Schritt: Vorhersagefunktion aufstellen

$$y = \bar{y} + \frac{A}{2}x_A + \frac{B}{2}x_B + \frac{AB}{2}x_Ax_B + \frac{C}{2}x_C + \frac{AC}{2}x_Ax_C + \frac{BC}{2}x_Bx_C + \frac{ABC}{2}x_Ax_Bx_C +$$

$$\frac{D}{2}x_D + \frac{AD}{2}x_Ax_D + \frac{BD}{2}x_Bx_D + \frac{ABD}{2}x_Ax_Bx_D + \frac{CD}{2}x_Cx_D + \frac{ACD}{2}x_Ax_Cx_D + \frac{BCD}{2}x_Bx_Cx_D +$$

$$\frac{ABCD}{2}x_Ax_Bx_Cx_D$$

oder

$$y = b_0 + b_1x_A + b_2x_B + b_3x_Ax_B + b_4x_C + b_5x_Ax_C + b_6x_Bx_C + b_7x_Ax_Bx_C +$$

$$b_8x_D + b_9x_Ax_D + b_{10}x_Bx_D + b_{11}x_Ax_Bx_D + b_{12}x_Cx_D + b_{13}x_Ax_Cx_D + b_{14}x_Bx_Cx_D + b_{15}x_Ax_Bx_Cx_D$$

Für nicht signifikante Wirkungen werden in diesen Funktionsgleichungen die entsprechenden Faktoren $b_1, b_2, \ldots b_{15}$ gleich Null gesetzt. Für die unabhängigen Variablen x_A bis x_D wird die folgende Normierung vorgenommen:

$$x_A = \frac{A^* - \frac{1}{2}(A_2+A_1)}{\frac{1}{2}(A_2-A_1)} \qquad x_B = \frac{B^* - \frac{1}{2}(B_2+B_1)}{\frac{1}{2}(B_2-B_1)} \qquad x_C = \frac{C^* - \frac{1}{2}(C_2+C_1)}{\frac{1}{2}(C_2-C_1)} \qquad x_D = \frac{D^* - \frac{1}{2}(D_2+D_1)}{\frac{1}{2}(D_2-D_1)}$$

x_A bis x_D sind die jeweils im Bereich von -1 bis +1 liegenden minimalen bzw. maximalen normierten Werte.
A_1 bis D_1 und A_2 bis D_2 sind die physikalischen Faktorwerte des niedrigen bzw. des hohen Niveaus.
A^* bis D^* sind die Faktoreinstellungen, wofür die zu erwartende Zielgröße y berechnet werden soll.

Wirkungen	Koeffizienten	$MS_I = SS_I$	$F = \dfrac{MS_I}{MS_R}$	Signifikant wenn
	$b_0 = \bar{y}$			
A	$b_1 = \dfrac{A}{2}$	$4A^2$	$F_A = \dfrac{4A^2}{MS_R}$	$F_A > F_{1-\alpha}(1; f_R)$
B	$b_2 = \dfrac{B}{2}$	$4B^2$	$F_B = \dfrac{4B^2}{MS_R}$	$F_B > F_{1-\alpha}(1; f_R)$
AB	$b_3 = \dfrac{AB}{2}$	$4(AB)^2$	$F_{AB} = \dfrac{4(AB)^2}{MS_R}$	$F_{AB} > F_{1-\alpha}(1; f_R)$
CC	$b_4 = \dfrac{C}{2}$	$4C^2$	$F_C = \dfrac{4C^2}{MS_R}$	$F_C > F_{1-\alpha}(1; f_R)$
AC	$b_5 = \dfrac{AC}{2}$	$4(AC)^2$	$F_{AC} = \dfrac{4(AC)^2}{MS_R}$	$F_{AC} > F_{1-\alpha}(1; f_R)$
BC	$b_6 = \dfrac{BC}{2}$	$4(BC)^2$	$F_{BC} = \dfrac{4(BC)^2}{MS_R}$	$F_{BC} > F_{1-\alpha}(1; f_R)$
ABC	$b_7 = \dfrac{ABC}{2}$	$4(ABC)^2$	$F_{ABC} = \dfrac{4(ABC)^2}{MS_R}$	$F_{ABC} > F_{1-\alpha}(1; f_R)$
D	$b_8 = \dfrac{D}{2}$	$4D^2$	$F_D = \dfrac{4D^2}{MS_R}$	$F_D > F_{1-\alpha}(1; f_R)$
AD	$b_9 = \dfrac{AD}{2}$	$4(AD)^2$	$F_{AD} = \dfrac{4(AD)^2}{MS_R}$	$F_{AD} > F_{1-\alpha}(1; f_R)$
BD	$b_{10} = \dfrac{BD}{2}$	$4(BD)^2$	$F_{BD} = \dfrac{4(BD)^2}{MS_R}$	$F_{BD} > F_{1-\alpha}(1; f_R)$
ABD	$b_{11} = \dfrac{ABD}{2}$	$4(ABD)^2$	$F_{ABD} = \dfrac{4(ABD)^2}{MS_R}$	$F_{ABD} > F_{1-\alpha}(1; f_R)$
CD	$b_{12} = \dfrac{CD}{2}$	$4(CD)^2$	$F_{CD} = \dfrac{4(CD)^2}{MS_R}$	$F_{CD} > F_{1-\alpha}(1; f_R)$
ACD	$b_{13} = \dfrac{ACD}{2}$	$4(ACD)^2$	$F_{ACD} = \dfrac{2(ACD)^2}{MS_R}$	$F_{ACD} > F_{1-\alpha}(1; f_R)$
BCD	$b_{14} = \dfrac{BCD}{2}$	$4(BCD)^2$	$F_{BCD} = \dfrac{4(BCD)^2}{MS_R}$	$F_{BCD} > F_{1-\alpha}(1; f_R)$
ABCD	$b_{15} = \dfrac{ABCD}{2}$	$4(ABCD)^2$	$F_{ABCD} = \dfrac{4(ABCD)^2}{MS_R}$	$F_{ABCD} > F_{1-\alpha}(1; f_R)$

Tabelle 73: Das Rechenschema mit Varianzanalyse für den 2^4-Versuchsplan

5 Teilfaktorielle Versuchspläne (Systematik von 2^{k-p}-Plänen)

Bisher wurden zur Erklärung der DoE-Prinzipien ausschließlich vollfaktorielle Versuchspläne behandelt. Das heißt, alle möglichen Faktorkombinationen wurden eingestellt und jeweils die Zielgröße gemessen. Aus mathematischer Sicht ist das natürlich der Königsweg, weil damit ein Maximum an Informationen über den Prozess gesammelt wird. Dadurch besteht die Chance, dass das mathematische Modell des Prozesses (die Vorhersagefunktion) die Realität möglichst gut abbildet und: Es wird das Vorhandensein von Wechselwirkungen untersucht. Diesen Vorteil gegenüber anderen Methoden zur Versuchsplanung bezahlt man aber mit einer „hohen" Zahl an Versuchen, die bei entsprechend großer Anzahl an Faktoren schnell „unrealistisch" werden kann. Dies kann ökonomisch begründet sein. Bei „nicht zerstörungsfreien" Experimenten wie Crash-Tests von Automobilen können vollfaktorielle Pläne die Budgets der Versuchsabteilungen überfordern. Die Vielzahl an Versuchen kann auch ein zeitliches Problem darstellen. Umfragen im Rahmen soziologischer, medizinischer oder psychologischer Studien erstrecken sich oft über längere Zeiträume. Wenn diese Versuchspläne erst nach Jahren abgeschlossen sind, bergen die Daten das Risiko, dass nicht alle Einzelversuche unter denselben Rahmenbedingungen durchgeführt wurden.

Wie gezeigt, lassen sich mit *n* Faktorstufenkombinationen *n-1* Wirkungen ermitteln. Mit zunehmender Anzahl an Faktoren steigt aber die Anzahl der Versuche. Besonderer Treiber der Versuchsanzahl sind die Wechselwirkungen von mehr als zwei Faktoren, wie in Tabelle 74 dargestellt.

Versuchsplan	Anzahl Versuche	Anzahl Faktoren	Anzahl Wirkungen		
			der Faktoren	2fach-WW	Mehrfach-WW
2^2	4	2	2	1	
2^3	8	3	3	3	1
2^4	16	4	4	6	5
2^5	32	5	5	10	16
2^6	64	6	6	15	42
2^7	128	7	7	21	99
2^8	256	8	8	28	219

Tabelle 74: Bei vollfaktoriellen Versuchsplänen steigt die Anzahl an Versuchen zur Ermittlung von etwaigen Mehrfach-Wechselwirkungen rapide mit der Anzahl der Faktoren

Dies bedeutet, dass bei großer Anzahl von Faktoren ein hoher Versuchsaufwand zur Ermittlung eventuell signifikanter Wechselwirkungen betrieben werden muss. Die Praxis zeigt aber, dass Mehrfachwechselwirkungen selten signifikant sind. Sie können deshalb vernachlässigt werden. Dass sie wie in den vorangegangen Kapiteln erläutert, zur Schätzung des Versuchsfehlers gebraucht werden können, ist ein teurer Nebeneffekt. So stellt sich nun die Frage, ob man auf die entsprechenden Versuche verzichten könnte und welche Risiken man damit eingehen würde.

5.1 Versuchsaufwand halbieren durch Verzicht auf bestimmte Versuche

Am Beispiel eines vollfaktoriellen 2^3-Versuchsplans (Tabelle 75) soll nun gezeigt werden, wie durch Verzicht auf bestimmte Versuche eine Halbierung des Versuchsplans erreicht werden. Der Vorschlag ist, nur die Versuche durchzuführen, bei denen ABC positives Vorzeichen hat[22]. Dies sind die mit Stern markierten vier Versuche für die Hauptwirkungen A, B, C sowie die Wechselwirkung ABC.

		I	A	B	AB	C	AC	BC	ABC
1	(g)	+	−	−	+	−	+	+	−
*2	a	+	+	−	−	−	−	+	+
*3	b	+	−	+	−	−	+	−	+
4	ab	+	+	+	+	−	−	−	−
*5	c	+	−	−	+	+	−	−	+
6	ac	+	+	−	−	+	+	−	−
7	bc	+	−	+	−	+	−	+	−
*8	abc	+	+	+	+	+	+	+	+

Tabelle 75: Im 2^3-Versuchsplan sind die Versuche mit Stern markiert, die den Versuchsplan „halbieren" (sie werden in der Spalte ABC mit + geführt)

Anhand des Würfelmodells (Abbildung 37) kann der halbierte Versuchsplan mit den Versuchen Nr. 2, 3, 5 und 8 dargestellt werden.

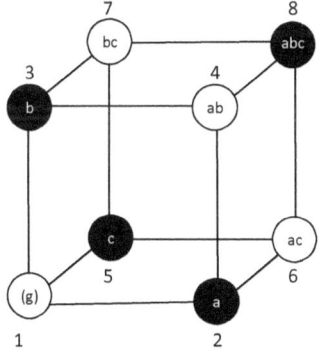

Abbildung 37: 2^3-Versuchsplan halbieren: Nur die dunkel eingefärbten Versuche werden durchgeführt

---

[22] ABC ist in diesem Beispiel der so genannte Generator des teilfaktoriellen Versuchsplans. Näheres dazu siehe beispielsweise bei: Kleppmann, Wilhelm: Taschenbuch Versuchsplanung

Der halbierte Plan sieht dann zunächst so aus wie in Tabelle 76 dargestellt. Er wird als teilfaktorieller Versuchsplan (auch fraktioneller faktorieller Versuchsplan) bezeichnet. Man erkennt nun, dass beispielsweise die Spalten *AB* und *C* identisch sind. Das heißt, in diesem reduzierten Plan ist die Wirkung von Faktor *C* nicht von einer (eventuell vorhandenen) Wechselwirkung *AB* zu unterscheiden. Man sagt, *C* und *AB* sind Alias-Spalten. Oder: Die Hauptwirkung *C* ist vermengt (*confounded*) mit der Wechselwirkung *AB*. Ebenso verhält es sich mit der Spalte *B*; diese ist vermengt mit *AC*. Und *A* ist vermengt mit *BC*. Die Vermengungsspalten erkennt man auch an der Symmetrie der Aufteilung der Plus- und Minus-Zeichen in der Tabelle.

		I	A	B	AB	C	AC	BC	ABC
*2	a	+	+	−	−	−	−	+	+
*3	b	+	−	+	−	−	+	−	+
*5	c	+	−	−	+	+	−	−	+
*8	abc	+	+	+	+	+	+	+	+

Tabelle 76: Beim halbierten 2^3-Versuchsplan werden nur die Versuche des vollständigen Plans durchgeführt, bei denen ABC auf + steht

Aus dem vollfaktoriellen 2^3-Versuchsplan ist nun durch „Halbieren" ein teilfaktorieller Versuchsplan entstanden (Tabelle 77). Nach internationaler DoE-Nomenklatur wird er als 2^{3-1}-Versuchsplan bezeichnet.

	A	B	C
a	+	−	−
b	−	+	−
c	−	−	+
abc	+	+	+

Tabelle 77: Die vier Versuche des 2^{3-1}-Versuchsplans in Standardreihenfolge

Nicht vergessen werden darf, dass mit der Halbierung des Plans folgende Nachteile im Auge behalten werden müssen:

- Etwaige Wechselwirkungen *AB*, *AC*, *BC* können wegen der Vermengungen mit den Wirkungen *C*, *B* bzw. *A* nicht erkannt werden.

- Das mathematische Modell des Prozesses verliert an Genauigkeit, weil die Wirkungen jetzt aus nur vier statt bisher aus acht Werten berechnet werden.

5.2 Mehr Faktoren bei gleicher Versuchsanzahl untersuchen

Im vorigen Kapitel war die Motivation, die Anzahl der Versuche zu halbieren, indem die Versuche zur Ermittlung der Wechselwirkungen weggelassen wurden. Diese entsprechen den weißen Würfelpunkten in Abbildung 37. Im Folgenden soll nun gezeigt werden, wie unter Beibehaltung der Versuchsanzahl statt der Wechselwirkungen weitere Faktoren in die Betrachtung einbezogen werden können.

Am Beispiel des vollfaktoriellen 2^2-Versuchsplans soll gezeigt werden, wie statt dem Versuch zur Ermittlung der etwaigen Wechselwirkung AB die Wirkung eines zusätzlichen Faktors C bei gleicher Versuchsanzahl untersucht werden kann. Tabelle 78 zeigt im oberen Teil die Versuche des vollfaktoriellen 2^2-Versuchsplans in Standardreihenfolge. Geht man davon aus - oder weiß man bereits -, dass die Wechselwirkung AB vernachlässigbar klein ist, könnte man den Versuch (g) auch zur Ermittlung der Wirkung eines hinzugenommenen Faktors C heranziehen (siehe Zeile „neu" in der unteren Tabelle). Der untere Teil der Tabelle zeigt nun einen 2^{3-1}-Versuchsplan. Er ist identisch mit dem aus dem vorigen Kapitel (Tabelle 77), der durch Halbieren eines vollfaktoriellen 2^3-Plans erzeugt wurde.

	A	B	AB
(g)	−	−	+
a	+	−	−
b	−	+	−
ab	+	+	+

↓

		A	B	C
Neu:	c	−	−	+
	a	+	−	−
	b	−	+	−
	abc	+	+	+

Tabelle 78: Aus dem vollfaktoriellen 2^2-Versuchsplan (oben) wird ein teilfaktorieller 2^{3-1}-Versuchsplan (Tabelle unten; Versuche nicht in Standardreihenfolge dargestellt)

Die beschriebene Vorgehensweise, auf die Betrachtung von Wechselwirkungen zu verzichten und stattdessen zunächst die Relevanz der Wirkungen weiterer Faktoren zu untersuchen, wird aus ökonomischen Gründen oft gewählt. Insbesondere zu Beginn einer Untersuchung, wenn also noch wenige Kenntnisse über ein zu untersuchendes System oder eine Anlage vorliegen, ist das primäre Ziel, aus der Vielzahl möglicher Faktoren die signifikanten herauszufinden. Diese Vorgehensweise wird als Screening bezeichnet; die zugehörigen Versuchspläne werden als Screening-Versuchspläne bezeichnet.

Wie gezeigt wurde, gibt es zwei gleichwertige Möglichkeiten, um zum selben 2^{3-1}-Versuchsplan zu gelangen. Im ersten Fall wird der Versuchsplan unter Beibehaltung der Faktoren auf die Hälfte der Versuche reduziert: Im Beispiel des vorigen Kapitels wurde aus einem vollfaktoriellen 2^3-Versuchsplan mit acht Versuchen ein 2^{3-1}-Versuchsplan mit vier Versuchen. In diesem Kapitel wurde gezeigt, wie aus einem vollfaktoriellen 2^2-Versuchsplan mit vier Versuchen ein teilfaktorieller 2^{3-1}-Versuchsplan mit vier Versuchen wird. Diese Systematiken gelten ganz allgemein bei der Erzeugung von teilfaktoriellen Plänen.

Die Nomenklatur für teilfaktorielle Versuchspläne mit zwei Faktorniveaus ist wie folgt: 2^{k-p}

Dabei ist k die ursprüngliche Anzahl der Faktoren und p die Anzahl der Faktoren, die durch die Fraktionierung zusätzlich in den Plan aufgenommen wurden.

Bisher wurde aus Gründen der Verständlichkeit das Halbieren von Plänen bzw. das Hinzunehmen *eines* Faktors statt der Wechselwirkungen gezeigt. Insbesondere bei Plänen mit mehr als drei Faktoren kann dieses Spiel des Fraktionierens auch weiter getrieben werden, indem Pläne geviertelt, geachtelt usw. werden oder eben weitere Faktoren hinzugenommen werden. Beispielsweise lässt sich dann aus einem 2^5-Versuchsplan ein 2^{5-1}-Versuchsplan und daraus dann ein 2^{5-2}-Versuchsplan erzeugen. Oder: aus einem 2^5-Versuchsplan wird ein 2^{6-1}-Versuchsplan und daraus ein 2^{7-2}-Versuchsplan usw.

Diese Systematik zur Erzeugung von 2^{k-p}-Versuchsplänen ist in der Literatur in Tabellen hinterlegt. Dort wird auch der Begriff der Auflösung eines Versuchsplans (*Design Resolution*) verwendet[23]. Die Auflösung ist ein Maß für den Grad der Vermengungen. Je größer die Anzahl k der Faktoren und je kleiner die Anzahl der Faktorstufen ist, desto niedriger ist die maximal erreichbare Auflösung. Umgekehrt gilt: Je niedriger die Auflösung ist, desto mehr Faktoren können untersucht werden.

Der Praktiker findet die hier nur kurz erläuterte Logik in den DoE-Softwarepaketen hinterlegt. Nach Auswahl eines Plan-Designs werden dort die relevanten Vermengungen angezeigt. Sie weisen den Experimenter darauf hin, welche Wechselwirkungen nicht von den Hauptwirkungen unterscheidbar sind.

---

[23] Siehe dazu auch Box, George E. P. und Hunter, J. Stuart und Hunter, William G.: Statistics for Experimenters

6 Blockbildung und Randomisierung

Blockbildung

In vielen Fällen der praktischen Versuchsarbeit bleiben die Rahmenbedingungen nicht über den gesamten Zeitraum der Versuche gleich. Dies kann sich auf die Versuchsergebnisse auswirken, indem (etwas) verfälschte Werte gemessen werden. Für den Fall, dass der verfälschende Effekt der geänderten Rahmenbedingungen deutlich kleiner ist als die Hauptwirkungen, ist die so genannte Blockbildung eine bewährte moderierende Maßnahme.

Anhand eines Beispiels sei dies erläutert: Ein Prozess zur Herstellung einer Fassadenfarbe soll untersucht werden. Die zu beobachtende Zielgröße sei die Viskosität des Produktes. Damit die Versuchsergebnisse möglichst rasch vorliegen, werden die Versuche auf zwei eigentlich identischen Anlagen durchgeführt. Es sei aber bekannt, dass die Anlagen einen unterschiedlichen Einfluss auf die Viskosität haben; dieser sei aber wesentlich kleiner als die Hauptwirkungen.

Es wäre nun falsch, die Versuche beispielsweise in der Standardreihenfolge durchzuführen, wobei die erste Hälfte auf der Anlage X und die zweite Hälfte auf Anlage Y gefahren würde. Denn dann würden bestimmte Hauptwirkungen fehlerhaft berechnet werden, weil für bestimmte Faktoren in ungleicher Anzahl Versuche mit hohem und niedrigem Niveau durchgeführt würden. Vielmehr müssen die Versuche so auf die beiden Anlagen verteilt werden, dass diese die Berechnung der Wirkungen möglichst wenig beeinflussen. Dies ist dann der Fall wenn die Blockvariable „Anlage" zu 100 % mit einer (nicht benötigten) Wechselwirkung vermengt ist. Hierfür bietet sich bei 2^3-Plänen oft die Wechselwirkung *ABC* an: Versuche, bei denen *ABC* auf Plus steht, werden auf Anlage X, die anderen auf Anlage Y gefahren. Damit ist sichergestellt, dass die Versuche auf beiden Anlagen für alle Faktoren die gleiche Anzahl an Plus- und Minus-Einstellungen haben.

Teilfaktorielle Versuchspläne haben ja wie beschrieben den Vorteil eines reduzierten Versuchsaufwands. Durch die sich damit ergebenden Vermengungen entsteht aber der Nachteil, dass sich Haupt- und Wechselwirkungen nicht unterscheiden lassen. Bei der Blockbildung hingegen werden die für die Veränderung der Rahmenbedingungen verantwortlichen Blockvariablen absichtlich mit einer Wechselwirkung vermengt.[24]

Randomisierung

Um zu verhindern, dass unerkannte Störgrößen im Prozess oder bei der Messung der Versuchsergebnisse das Gesamtergebnis verfälschen, sollten die Versuche nicht in Standardreihenfolge, sondern in zufälliger Reihenfolge durchgeführt werden. Damit besteht die Chance, dass sich die Störeinflüsse zumindest teilweise kompensieren. Die Zufälligkeit der Reihenfolge wird vor der Versuchsdurchführung festgelegt. In der Praxis übernehmen dies die Zufallsgeneratoren der DoE-Software. Optimal ist, zunächst durch Blockbildung bekannten Veränderungen entgegenzuwirken und dann innerhalb der Blöcke zu randomisieren.

---

[24] Siehe auch Klein, Bernd: Versuchsplanung - DoE

7 Leitfaden zur Versuchsplanung, -durchführung und -auswertung

In der Praxis der Planung, Durchführung und Auswertung von faktoriellen Versuchsplänen hat sich folgende Vorgehensweise bewährt:

- **Auftragsklärung**
    - Was soll mit welchem Ziel untersucht werden?
    - Wieviel Zeit und Ressourcen (Anlage, Messmittel, Personal) stehen zur Verfügung?
    - Was ist über den Prozess bekannt?
    - Welche möglichen Faktoren sind bekannt?

- **Vorbereitung der Versuche**
    - Faktorniveaus festlegen
    - Messverfahren und Messeinrichtungen festlegen

- **Planung und Durchführung der Versuche**
    - Screening-Versuche mit teilfaktoriellen Plänen durchführen, um irrelevante Faktoren auszuschließen
    - Versuchsplan unter Berücksichtigung der Ziele und wirtschaftlichen Randbedingungen festlegen (vollfaktoriell, teilfaktoriell)
    - Bei potentiell veränderlichen Versuchsbedingungen Blöcke bilden
    - Versuchsreihenfolge randomisieren
    - Stern- und Zentralversuche einplanen, um Nichtlinearitäten festzustellen

- **Auswertung der Versuchsergebnisse**
    - Vollständigkeit und Plausibilität der gemessenen Ergebnisse prüfen
    - Signifikanz der Wirkungen schrittweise unter Zuhilfenahme von schwachen Wechselwirkungen als Schätzer für die Versuchsstreuung prüfen
    - Prüfen, inwieweit das mathematische Modell die Realität abbildet[25]
    - Dem Auftraggeber Vorschläge für die Prozessverbesserung unterbreiten

---

[25] Wie gut die Vorhersagefunktion den Prozess abbildet, sollte anhand einer Residuenanalyse überprüft werden. Dabei werden die Unterschiede der gemessenen Zielgrößen mit den entsprechend berechneten verglichen. Die Unterschiede sollten über den gesamten Versuchsbereich ähnlich (klein) sein. Siehe dazu beispielsweise Kleppmann, Wilhelm: Taschenbuch Versuchsplanung

7 Leitfaden zur Versuchsplanung, -durchführung und -auswertung

In der Praxis der Planung, Durchführung und Auswertung von faktoriellen Versuchsplänen hat sich folgende Vorgehensweise bewährt:

- **Auftragsklärung**
    - Was soll mit welchem Ziel untersucht werden?
    - Wieviel Zeit und Ressourcen (Anlage, Messmittel, Personal) stehen zur Verfügung?
    - Was ist über den Prozess bekannt?
    - Welche möglichen Faktoren sind bekannt?

- **Vorbereitung der Versuche**
    - Faktorniveaus festlegen
    - Messverfahren und Messeinrichtungen festlegen

- **Planung und Durchführung der Versuche**
    - Screening-Versuche mit teilfaktoriellen Plänen durchführen, um irrelevante Faktoren auszuschließen
    - Versuchsplan unter Berücksichtigung der Ziele und wirtschaftlichen Randbedingungen festlegen (vollfaktoriell, teilfaktoriell)
    - Bei potentiell veränderlichen Versuchsbedingungen Blöcke bilden
    - Versuchsreihenfolge randomisieren
    - Stern- und Zentralversuche einplanen, um Nichtlinearitäten festzustellen

- **Auswertung der Versuchsergebnisse**
    - Vollständigkeit und Plausibilität der gemessenen Ergebnisse prüfen
    - Signifikanz der Wirkungen schrittweise unter Zuhilfenahme von schwachen Wechselwirkungen als Schätzer für die Versuchsstreuung prüfen
    - Prüfen, inwieweit das mathematische Modell die Realität abbildet[25]
    - Dem Auftraggeber Vorschläge für die Prozessverbesserung unterbreiten

---

[25] Wie gut die Vorhersagefunktion den Prozess abbildet, sollte anhand einer Residuenanalyse überprüft werden. Dabei werden die Unterschiede der gemessenen Zielgrößen mit den entsprechend berechneten verglichen. Die Unterschiede sollten über den gesamten Versuchsbereich ähnlich (klein) sein. Siehe dazu beispielsweise Kleppmann, Wilhelm: Taschenbuch Versuchsplanung

8 Anhang I: Literatur und Web-Publikationen

Die Vielzahl der Veröffentlichungen in Büchern, Fachzeitschriften und im Web (vieles in Englisch) ist keinesfalls hier in ihrer Vollständigkeit darzustellen. Unten stehend sehen Sie deshalb eine Auswahl an hilfreichen Publikationen und Recherchemöglichkeiten.

Bücher

Hier ist eine kleine Auswahl an Büchern aufgelistet, die im vorliegenden Buch behandelte Themen inhaltlich oder in der Tiefe ergänzen:

Anderson, Mark J., Whitcomb, Patrick J.: DOE Simplified–Practical Tools for Effective Experimentation, Productivity Press, New York, 2007; 2nd edition,
ISBN 978-1-56327-344-5

Anderson, Mark J., Whitcomb, Patrick J.: RSM Simplified–Optimizing Processes Using Response Surface Methods for Design of Experiments, Productivity Press, New York, 2005,
ISBN-10: 1-56327-297-0, ISBN-13: 978-1-56327-297-4

Box, George E. P. und Hunter, J. Stuart und Hunter, William G.: Statistics for Experimenters, Verlag John Wiley, New York, 2. Auflage 2005,
ISBN: 978-0-471-71813-0

Elser, Thomas: Statistik für die Praxis, WILEY-VCH-Verlag, Weinheim, 2004;
ISBN-3-527-50097-9

Kleppmann, Wilhelm: Taschenbuch Versuchsplanung, Verlag Hanser, München, 2008,
ISBN 978-3-446-41595-9

Klein, Bernd: Versuchsplanung - DoE, Verlag Oldenbourg, München, 2. Auflage 2007,
ISBN 978-486-58352-6

Petersen, Harro: Grundlagen der Statistik und der statistischen Versuchsplanung, Band 2, Verlag ecomed, Landsberg, 1991,
ISBN 3-609-65340-X

Datenbank für Recherchen zur Mathematik und Methodik von DoE

Hilfreich ist auch das Nachschlagen in der kostenlos zugänglichen NIST-Datenbank, um mathematische oder DoE-technische Prinzipien zu recherchieren. NIST ist eine Bundesbehörde im Geschäftsbereich des Handelsministeriums der Vereinigten Staaten.

NIST: National Institute of Standards and Technology

Folgender Link führt zum Engineering Handbook:

http://www.itl.nist.gov/div898/handbook/

Vorlesungsmanuskripte

Adam, Mario: Statistische Versuchsplanung und Auswertung, Hochschule Düsseldorf, Fachbereich Maschinenbau und Verfahrenstechnik, Vorlesungsmanuskript:
http://zies.hs-duesseldorf.de/Lehre/Lehrveranstaltungen/Versuchsplanung und Auswertung/

Ament, Ch.: Eine Einführung in die statistische Versuchsplanung, Universität Bremen, Fachgebiet Mess-, Steuerungs- und Regelungstechnik, 2002

Engelmann, H.-D., Erdmann H.-H., Simmrock, K.H.: Planen und Auswerten von Versuchen, Universität Dortmund, Fachbereich Chemietechnik, Kurs für DECHEMA Deutsche Gesellschaft für chemisches Apparatewesen e.V., 1992

Handl, Andreas: Einführung in faktorielle und fraktionelle faktorielle Versuchspläne; Vorlesungsmanuskript für Wirtschaftswissenschaftler:
http://www.wiwi.uni-bielefeld.de/lehrbereiche/emeriti/jfrohn/skripten/Ueberblick_Handl

Jacobs, Bernhard: Einführung in die Versuchsplanung (elektronisches Lehrbuch), Universität des Saarlandes, Philosophische Fakultät, 1999

9 Anhang II: Beispiele des Buches zum Download (MS Excel®/OpenOffice Calc®)

Die im Buch aufgeführten Zahlenbeispiele wurden mit MS Excel® gerechnet und grafisch dargestellt. Die Dateien sind alternativ mit OpenOffice Calc® lesbar.

Die Dateien stehen zum kostenlosen Download bereit unter: *http://elserth.de/DoE.html*

Dateien zum Download

2^2-Versuchspläne

- Ordinale, disordinale und semidisordinale Wechselwirkungen
- Produktmenge eines Chemiereaktors
- Rautiefe von Drehteilen
- Ausbeute eines chemischen Prozesses (verdeckte Wirkung)

2^3-Versuchspläne

- Produktmenge eines Chemiereaktors
- Adhäsionskraft einer Verklebung
- Durchlaufzeit eines Angebots
- Konzentration eines Destillats (doppelt ausgeführter Plan)

2^4-Versuchspläne

- Konzentration eines Destillats
- Reißfestigkeit eines Gewebes (doppelt ausgeführter Plan)

Die Eingabezellen für Faktornamen und -niveaus sowie für die gemessenen Zielgrößen etc. sind gelb hinterlegt.

10 Anhang III: DoE-Software

Allein die Vielzahl an Statistiksoftware mit DoE-Funktionalitäten zeigt die Verbreitung dieser Methode - insbesondere in den angloamerikanischen Ländern.

Unten stehend finden Sie eine kleine Auswahl von Programmen. Die meisten davon gibt es in deutscher Sprache und mit zeitlich begrenzten Testversionen.

- **Design Expert® (StatEase)**
  Reines DoE-Tool in Englisch

  www.statease.com
  Distributor in Deutschland: *www.statcon.de*

- **Minitab®**
  Umfassendes Statistik-Tool mit DoE-Funktionalität, auch in Deutsch verfügbar; hat sich im Six Sigma-Umfeld etabliert
  www.additive-minitab.de

- **R**
  Kostenlose Sammlung statistischer Methoden; beliebig anpassbar; erfordert viel Detailwissen
  www.r-project.org

- **Statgraphics®**
  www.statgraphics.com

- **Statistica**
  www.statsoft.de

11 Anhang IV: Geschichtliches zu Design of Experiments

Die statistische Versuchsmethodik wurde in den zwanziger Jahren des 20. Jahrhunderts von Ronald Aylmer Fisher (1890-1962) entwickelt. Fisher war ein bedeutender Theoretischer Biologe, Genetiker, Evolutionstheoretiker und Statistiker. Die Methoden zur Versuchsplanung und -auswertung hat er ursprünglich für die effektive Durchführung landwirtschaftlicher Versuche entwickelt. Er untersuchte den Einfluss von Faktoren wie Sorte, Düngung, Klima etc. auf den Hektarertrag von landwirtschaftlichen Erzeugnissen. Seine Grundprinzipien für die Versuchsmethodik waren Vergleichbarkeit und Verallgemeinerungsfähigkeit, Wiederholung (die mehrmalige Durchführung eines Experiments unter möglichst ähnlichen Bedingungen), Randomisierung (die zufällige Anordnung der Versuche) und Blockbildung. Darüber hinaus entwickelte Fisher für die Auswertung der Versuchsergebnisse das Verfahren der Varianzanalyse. Die zugehörige F-Verteilung wurde nach dem Anfangsbuchstaben seines Namens benannt.

In der industriellen Praxis hatte die Faktorielle Versuchsplanung zunächst jedoch nur eine geringe Bedeutung. Dies änderte sich mit der Entwicklung von Methoden, die sich neben der einfachen Versuchsmethodik auch mit Optimierungsproblemen beschäftigten. Insbesondere die Statistiker George Edward Pelham Box und K.B. Wilson entwickelten diese Methoden seit der Mitte des 20. Jahrhunderts. Zu dieser Zeit gelangte diese auch nach Japan, wo sie zunehmend in der industriellen Entwicklung eingesetzt wurden. Vor allem Genichi Taguchi[26] integrierte sie – auf den Erfahrungen Fishers aufbauend – in eine Qualitätssicherungsphilosophie und übersetzte sie in die Sprache des Managements, was wesentlich zur Verbreitung der Methodik beitrug. Seit 1965 wird sie erfolgreich in Japan benutzt. Anfang der achtziger Jahre wurde die Versuchsplanung zunehmend mit dem wirtschaftlichen Erfolg Japans in Verbindung gebracht und in der modifizierten Form von Taguchi in die westliche Welt zurückimportiert. Seit 1980 wird die Methode in den USA, seit 1985 auch in Deutschland angewendet Ende der 80er Jahre entwickelte Dorian Shainin in den USA weitere ergänzende Versuchsplanungsverfahren.

Heute ist die Faktorielle Versuchsplanung auch ein wichtiges Werkzeug im Baukasten der Six Sigma-Philosophie geworden. Six Sigma ist ein statistisches Qualitätsziel und zugleich der Name einer Prozessverbesserungs-Methodik. Ihr Kernelement ist die Beschreibung, Messung, Analyse, Verbesserung und Überwachung von Geschäftsvorgängen mit statistischen Mitteln. Die Ziele orientieren sich an finanzwirtschaftlich wichtigen Kenngrößen des Unternehmens und an Kundenbedürfnissen. Entwickelt wurde Six Sigma Mitte der 1980er Jahre in den USA von Motorola. 1996 führte Jack Welch Six Sigma bei General Electric (GE) erfolgreich ein.

---

[26] Siehe auch Klein, Bernd: Versuchsplanung - DoE

12 Stichwortverzeichnis

A

Abweichungsquadrate *41*
Alias-Spalten *132*
Analysis of Variances *41*
ANOVA *41*
Antwortgröße *15*
Auflösung eines Versuchsplans *134*

B

Black Box *8*
Box, George Edward Pelham *143*

C

Central Composite Design *59*
Central Composite Rotatable Design *60*
Confounding *132*
Critical Value *43*

D

Design of Experiments *15*
Design Resolution *134*
DoE *15*
Drehbares Versuchsdesign *60*

E

Einflussgröße *8*
Eingangsgröße *8*

F

Factorial Design *15*
Faktoren *8*
Fisher, Ronald Aylmer *143*
Fraktioneller faktorieller Versuchsplan *132*
Freiheitsgrad *41*
F-Test *41*

G

Generator *131*
Grenzwert *43*
Grenzwert der F-Verteilung *43*
Großmittel *41*
Grundversuch *27*
Gruppenmittelwert *41*

H

Hauptwirkungen *23*

I

Identitätsspalte *29*
Input *8*
Interaction Plot *34*
Interpolationsfaktoren *53*
Intervallskala *19*
Irrtumswahrscheinlichkeit *41, 43, 44*

K

Koeffizienten der Zielfunktion *53*
Kritischer Wert *43*

L

Lack of Fit *59*
Level *16*

M

Main Effects *23*
Main Effects Plot *33, 64*
Mathematisches Modell *15*
Mittlere Quadrate *42*
Modell 2. Ordnung *76*
Modell, quadratisch *76*
Multiplikationsregel *78*

N

Niveau *16*
Nomenklatur *27*
Nominalskala *19*

O

OFAT *12*
O*ne Factor at a Time* *12*
Output *8*

P

Parameter *8*
Pooling *91, 114*
Predictive Equation *47*
Prüfgröße F *43*
p-Value *44*
p-Wert *44*

Q

Quadratsumme *41*
Qualitative Faktoren *19*
Quantitative Faktoren *19*

R

Randomisierung *121*
Residuenanalyse *56, 137*

S

Screening-Versuchsplan *133*
Shainin, Dorian *143*
Sicherheitsniveau 1-α *43*
Signifikanz der Wirkungen *41*
Signifikanzniveau α *41*
Six Sigma *143*
Star Design *59*
Statistische Versuchsplanung *15*
Sternversuch *59*
Störgröße *8*

T

Streuungszerlegung *41*

Taguchi, Genichi *143*
Teilfaktorieller Versuchsplan *132*
Testgröße *F* *41*
t-Test *45*

V

Varianzanalyse *41*
Vermengung *132, 134*
Versuchsfehler *43*
Versuchsraum, normiert *53*
Vorhersagefunktion *47, 76*
Vorhersagegleichung *47*
Vorzeichenregel *81*
Vorzeichenschema *28*

W

Wechselwirkungen *25*
Wechselwirkungsdiagramm *33*
Welch, Jack *143*
Wilson, K.B. *143*
Wirkungen *8*
Wirkungsdiagramm *25, 33*
Würfelmodell *77*

Z

Zentral zusammengesetzte Versuchspläne *59*
Zentralversuch *59*
Zentrumsversuch *59*
Zielfunktion *47*
Zielgröße *8*
Zufallsstreuung *43*

www.ingramcontent.com/pod-product-compliance
Lightning Source LLC
Chambersburg PA
CBHW080658190526
45169CB00006B/2174